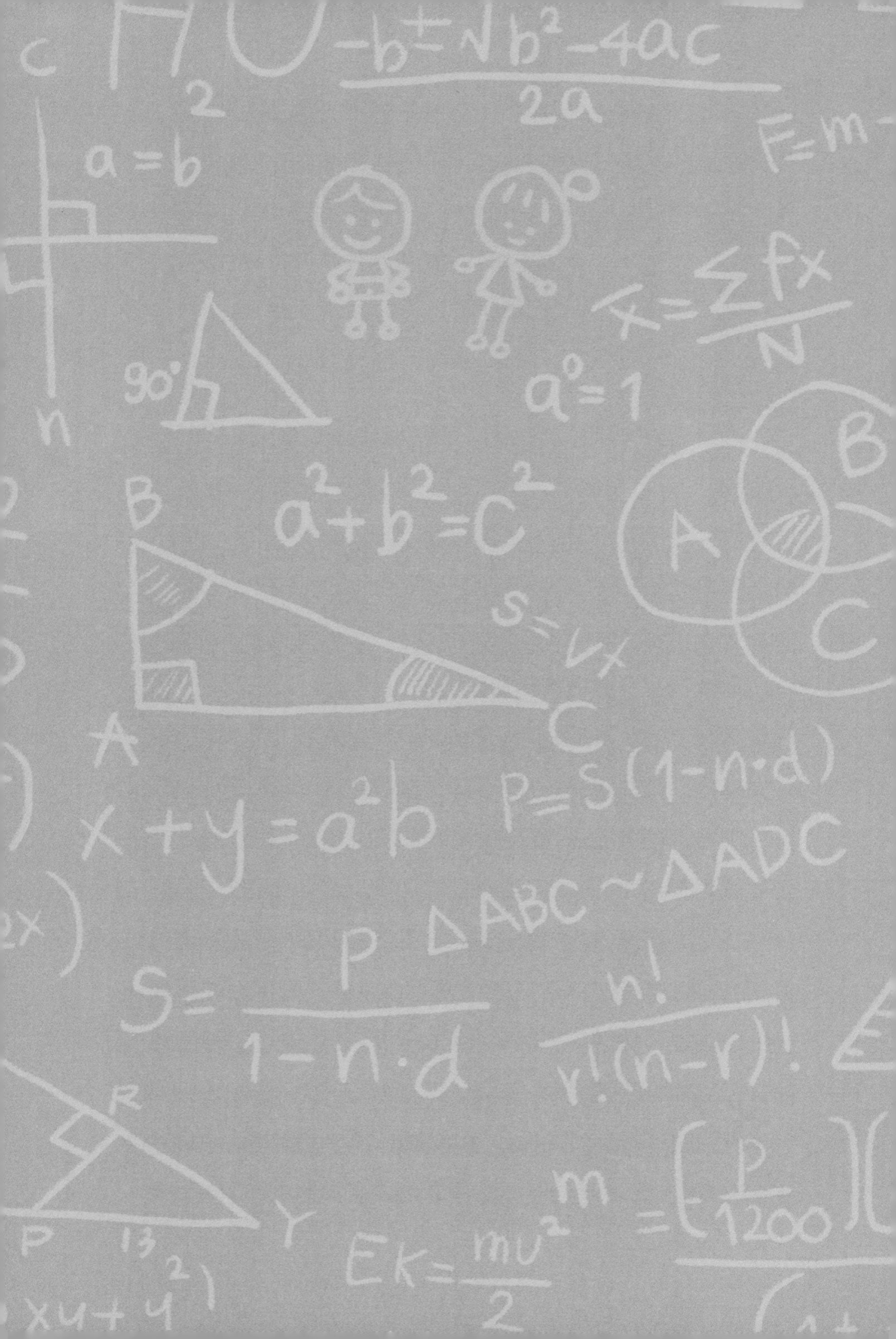

$$\frac{-b \pm \sqrt{b^2 - 4ac}}{2a}$$

$a = b$

$F = m \cdot$

$\bar{x} = \frac{\sum fx}{N}$

$90°$

$a^0 = 1$

$a^2 + b^2 = c^2$

$S = vt$

$x + y = a^2 b$

$P = S(1 - n \cdot d)$

$\triangle ABC \sim \triangle ADC$

$$S = \frac{P}{1 - n \cdot d}$$

$$\frac{n!}{r!(n-r)!}$$

$$m = \left\{\frac{P}{1200}\right\}$$

$$Ek = \frac{mv^2}{2}$$

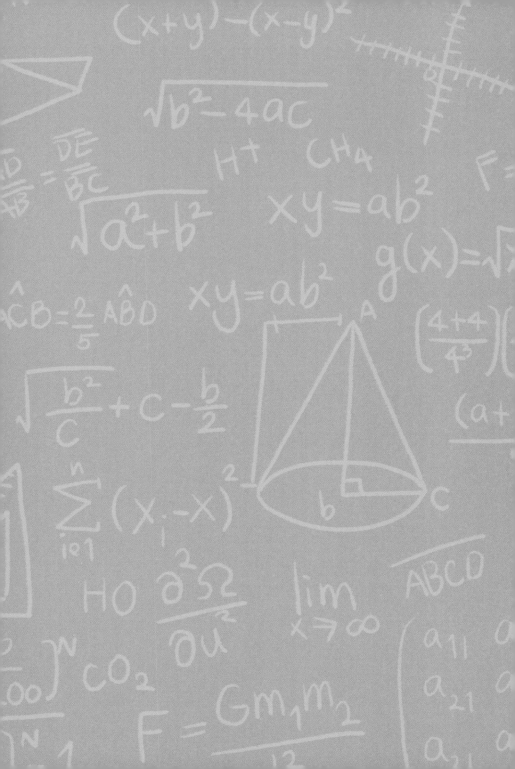

내가 정말 알아야 할 수학은
초등학교에서 모두 배웠다

내가 정말
알아야 할 수학은
초등학교에서
모두 배웠다

최수일 지음

VIABIT
ViaBook Publisher

인생에 왜 수학이 필요한지 모르고
살아가는 사람들에게

제가 수학교육을 전공했다고 말하면 사람들은 비슷한 반응을 보입니다. 학창 시절 수학 때문에 힘들었다, 수학 공부를 잘하지 못했다며 손사래를 치지요. 그리고 한마디를 덧붙입니다. "수학이 왜 필요한지 아직도 모르겠어요." 필요 없어 보이는 수학을 평생 하고 있으니, 여러분에게 저는 좀 이상한 사람일지 모르겠습니다. 30여 년 동안 교단에서 수학을 가르치며 학생들에게도 비슷한 질문을 숱하게 받았습니다. 저는 원래 중·고등학교에서 수학을 가르치던 교사였습니다. 수학 공부의 이유를 묻는 학생들에게 어떻게 하면 수학의 필요성을 알려줄 수 있을지 내내 고민했지만 마땅한 답을 찾지 못했습니다. 그러면서 아이들에게 가르치고 있는 것이 정말 수학인지를 고민하게 되었고, 결국 학교 밖에서 답을 찾기로 했습니다. 그리고 모든 사람이 처음 접하게 되는 수학인 초등수학을 연구하기 시작했습니다.

많은 초등 부모님을 만나고 강의도 했습니다. 강연장마다 북적대는 부모님들을 보고 수학이 아이와 부모에게 얼마나 큰 고통을 주고 있는지 몸소 깨달았습니다. 과학고를 나와 의사나 연구원 등이 된 제자들을 강연장에서 만난 적도 많습니다. 자녀의 수학 학습을 고민하여 강의를 들으러 왔던 것이지요. 그중 한 명은 과학고에서도 최상위 실력을 보였던 학생인데, "선생님, 저는 그때 이해가 안 돼서 수학을 통째로 외웠어요" 하고 고백하기도 했습니다. 그러고도 의대를 간 것이 신기했습니다. 그렇지만 아이는 잘 안 되는 모양이었습니다. 부모가 '수포자'였다면 아이를 제대로 지도하지 못할 가능성이 클 것입니다. 그게 걱정입니다.

이 책을 읽는 여러분은 모두 초등학교에서 수학을 배웠습니다. 수 세기, 곱셈구구, 삼각형, … 무척 쉬워 보이는 내용이지요. 그런데 여러분, 고등학교 수학의 모든 개념이 초등수학에 고스란히 뿌리를 두고 있다면 믿으시겠습니까? 미적분이, 삼각함수가 초등수학에서 시작한다는 이야기는 어떻습니까? 그동안 가르쳐왔던 모든 수학의 원초적 개념이 초등수학에 있다는 걸 깨달은 순간은 저에게도 새로운 충격이었습니다. 초등수학에서 얼마나 넓은 범위까지 배우는지 알게 된다면 여러분도 깜짝 놀랄 것입니다. 초등수학에서 배운 개념들이 어디까지 뻗어 나갈 수 있는지 알게 된다면 스스로의 잠재력에 놀랄지도 모릅니다. 여러분은 이미 모두 초등수학을 배웠으니까요.

수학은 정의定義와 이전에 배운 사실을 연결하여 새로운 성질과 개념을 만들어내는 학문입니다. 논리적인 사고의 연결을 기반에 둔 학문이기 때문에, 수학의 모든 개념은 처음 숫자를 접하는 초등학교 1학년부터 고등학교 3학년 과정에 이르기까지 일점일획도 어긋남 없이 일관성과 연관성을 가집니다. 그래서 수학 시간은 항상 이전에 배운 개념을 상기시킨 뒤 새로 배우는 개념을 정의하는 것으로 진행되지요. 21세기를 살아가는 우리는 모든 정보를 머리에 집어넣을 수 없습니다. 배워야 할 것은 많고, 새로운 지식은 넘쳐납니다. 우리에게는 이제 넘쳐나는 지식을 연결하여 새로운 개념으로 나아가는 능력이 필요합니다. 수학을 개념 있게, 다시 말하면 최초에 배운 초등수학부터 개념을 쭉 연결하여 논리를 이어가는 경험이 그래서 중요합니다. 개념을 논리에 맞게 연결하고, 이전 경험과 연관 지어 분석하는 능력을 길러주기 때문입니다.

수학은 참으로 쓸모가 많습니다. 그런데 수학이 얼마나 유용한지 이해하기 위해서 대단한 공부를 해야 하는 것이 아닙니다. 이 책에서 사용하는 수학은 대부분 초등학교에서 배우는 내용입니다. 중학교에서 배우는 수학도 몇 군데 등장하지만, 피타고라스 정리와 같이 간단한 개념입니다. 이 책은 수학이 쓸모없다고 생각하는 여러분을 위해 썼습니다. 여러분은 수학이 왜 필요한지 제대로 배우지 못했을 뿐, 사실 일상에 필요한 수학은 이미 초등학교에서 모두 배웠습니다. 다만 여러분의 일상과 수학 사이의 연결 고리를 찾게 하는 교육이 부족했을 뿐이지요.

책의 구성은 크게 세 부분으로 나눌 수 있습니다. 우선 수학의 큰 줄기인 '수'와 '도형'을 나누었습니다. 그리고 둘 사이의 관계를 한꺼번에 봐야 하는 '분수와 비율'을 따로 분리했습니다. '수'에 관한 내용을 다루는 1부에서는 수 자체의 의미와 연산을 다루는 재미를, '분수와 비율'을 다루는 2부에서는 비례적 추론 능력을 이야기합니다. '도형'을 다루는 3부에서는 수학의 가장 큰 묘미라 할 수 있는 도형의 즐거움을 음미합니다. 편의를 위해 3부로 구성했지만, 책을 읽고 나면 수학의 각 개념이 서로 분리되어 있지 않고 밀접하게 연결되어 있다는 사실을 알게 될 것입니다. 또한 여러분처럼 학창 시절 수학과 친해지는 데 실패한 편집자의 도움을 받아 질문과 답을 주고받는 형식으로 글을 꾸몄습니다. '수포자'의 시선에서 질문을 던지고, 그 의문을 자연스럽게 따라가며 문제를 해결할 수 있도록 했습니다.

이 책은 학창 시절 수포자가 되어 지금도 숫자와 기호만 보면 치가 떨리는 사람에게 희망을 줄 것입니다. 아직 어린 자녀가 수학을 질문해올까 봐 벌써부터 머리가 지끈거리는 분, 수학을 전공했거나 가르치는 위치에 있지만 기초인 초등수학을 다시 짚어

보려는 사람을 위한 책이기도 합니다. 그리고 현재 자신을 수포자라고 생각하는 중·고등학생에게도 유용하리라 믿습니다. 수학을 통해 논리적 사고력을 키우고자 하는 사람, 수학을 좋아해보고 싶은 사람 모두에게 도움이 되었으면 하는 마음으로 책을 썼습니다.

초등수학을 공부하며 중·고등학교에서 가르쳤던 미적분의 기초로서의 비율과 넓이, 삼각함수와 닮음의 기초가 되는 비, 함수의 기초가 되는 수와 연산의 의미를 새삼 깨달았을 때 느낀 감동이 여러분에게도 전해졌으면 좋겠습니다. 특히 학생 독자들이 '인생에 왜 수학이 필요한지' 깨닫게 되는 기회가 되기를 바랍니다.

2020년 2월
최수일

| 차례 |

1부

이 세상은 모두
수로 이루어 졌다

입력하신 비밀번호는 사용할 수 없는 번호입니다

| 여행 일정표 읽기 초3 시간계산

2011년부터 '수학 끼고 가는 수학체험여행'이라는 프로그램을 만들어 학생과 교사, 일반 시민 들과 함께 유럽의 여러 지역과 중국, 일본 등으로 15차례 답사를 다녀왔습니다. 처음 이탈리아를 시작으로 프랑스, 스위스, 영국 등 서유럽을 거쳐 독일, 오스트리아, 체코를 비롯한 동유럽, 그리고 덴마크, 노르웨이, 스웨덴 등 북유럽까지 답사 범위를 넓혀왔습니다. 가까이는 중국의 베이징과 상하이, 일본의 도쿄를 돌아보았습니다.

기존의 '수학여행修學旅行'에서 수학修學을 '수학數學'으로 바꿔 '수학체험여행'이라는 개념을 도입한 것은 전국수학교사모임의 수학여행 팀이었습니다. 이들의 답사를 근거로 학생들에게 이 프로그램이 유익한지를 점검하고, 드디어 2011년에 「수학동아」와 함께 그 첫 행사를 진행했던 것입니다. 혹자들은 유럽까지 가서 수학 과외를 하느냐는 의문을 제기했지만 이 여행에서 정작 수학 문제를 푸는 시간은 단 1분도 없었습니다. 비행기 안에서 수학 문제집을 푸는 아이들이 간혹 있었지만, 그건 부모님의 지시였습니다. 여행 기간 동안 학원을 빠지는 것이 안타까워 학원 진도를 매일 공부해야 했던 것입니다.

수학체험여행은 관광지 등에서 일상의 여러 가지 현상을 경험하며 교과서에서 배운 수학 개념을 적용해보는 연습을 하는 것이 주된 목적입니다. 그리고 그것을 반드시 본인 것으로 소화해 발표하는 데까지 가는 것이 핵심입니다. 발견한 것을 정리하고 논리적으로 표현하는 데까지 연습하는 것이 학생들의 수학 공부에 도움이 될 것이라는 확신 속에서 이루어진 행사였습니다. 성인들에게도 학창 시절 공식으로 달달 외우기만 했던 수학이 관광지에 녹아 있는 것을 새삼 발견하는 귀중한 시간이었습니다.

수학체험여행의 시작은 비행기를 타고 멀리 이동하는 것입니다. 이때부터 이미 수학 체험은 시작됩니다. 다음은 2017년 8월에 진행한 제10차 서유럽 수학체험여행 일정표의 일부입니다.

일자	장소	교통	시간	일정
제1일 8/3 (목)	인천	KE0905	10:30	인천 공항 집결
			13:30	인천 공항 출발
	프랑크푸르트		17:40	프랑크푸르트 공항 도착
		전용 버스		호텔 투숙 및 수학 체험 세미나
			HOTEL	Leonardo Royal Hotel Frankfurt

첫째 날 목적지가 독일이네요. 독일까지 가는 데 비행기로 몇 시간 걸려요?

일정표를 보면 인천 공항을 오후 1시 30분에 출발해 독일 프랑크푸르트 공항에 오후 5시 40분 도착합니다. 5시 40분에서 1시 30분을 빼면 4시간 10분입니다. 하지만 그렇게 빨리 갈 리 없지요. 시차를 생각해야 합니다.

각 나라 사이에는 시차가 있습니다. 독일과 우리나라 사이에는 8시간의 시차가 존재합니다. 그래서 4시간 10분에 시차 8시간을 보태면 12시간 10분이 나옵니다. 그런데 인터넷에서 검색해보면 한국과 독일 사이의 비행시간은 약 11시간 정도입니다. 1시간은 뭘까요? 서머타임입니다. 우리나라는 서머타임을 사용하지 않지만, 서머타임 정책을 시행하는 세계 80~90여 개 나라는 3월 중순~11월 초순에 시계를 1시간 앞당깁니다. 선진국 모임인 경제협력개발기구OECD에서는 우리나라와 일본을 제외한 거의 모든 나라가 서머타임을 시행하고 있어요.

시차와 서머타임이 섞이니까 헷갈릴 것입니다. 동시에 생각하는 것이 얼마나 어려운지 실감 나지요. 하나씩 순서대로 계산해 정리할 필요가 있어요. 인천에서 13시 30분에 출발하는 비행기가 11시간 10분을 날아 프랑크푸르트에 도착하는 시각은 우리나라를 기준으로 24시 40분입니다. 8시간의 시차를 적용하면 독일 시각으로 16시 40분입니다. 여기에 독일은 서머타임을 시행하는 여름이므로 1시간을 더

하면 비로소 17시 40분이라는 계산이 나옵니다. 이렇게 단계를 논리적으로 밟아 생각하기 위해 우리는 수학을 배웁니다. 수학을 공부하면서 반드시 키워야 할 중요한 덕목은 논리적으로 사고하는 능력입니다.

그럼 시차에서는 어떤 내용을 논리적으로 생각해볼 수 있을까요?

나라마다 다른 시간

시간은 나라마다 다릅니다. 호텔에 가면 여러 나라 시계를 동시에 볼 수 있지요.

시차는 지구가 도는 것을 기준으로 생각할 수 있습니다. 지구는 하루(24시간)에 한 바퀴(360°)를 돕니다. 지구에서 적도만 떼어놓고 보면 원이 되는데, 그 원 한 바퀴가 360도인 것입니다. 그리고 360도를 24시간에 돈다는 것은 1시간에 15도를 움직이는 것이 됩니다. 이것이 경도입니다. 즉, 360도를 하루 24시간으로 나눈 계산의 결과입니다. 그리고 기준을 정했습니다. 영국 런던에 있는 그리니치 천문대를 기준으로 표준시를 정한 것이지요.

전 세계의 시간을 정하는 기준선, 본초자오선

　실제로 그리니치 천문대에 가면 전 세계의 시간을 정하는 기준선이 있습니다. 이를 본초자오선本初子午線, prime meridian이라고 합니다. 그리니치 천문대를 관람하는 이들은 대개 본초자오선을 중심에 두고 두 발을 벌려 동경과 서경을 동시에 밟는 영광을 경험해보려 하지요.

　역사를 보면 본초자오선을 서로 자기 나라에 유치하려고 끝까지 싸운 두 나라는 영국과 프랑스였습니다. 본초자오선을 빼앗긴 프랑스는 파리가 동경 2도인 위치에 있기 때문에 0도인 영국과 같은 표준시를 사용해야 하는데, 그게 싫어서 불편하지만 동경 15도를 표준시로 사용한다고 합니다. 이런 경우 해가 하늘 높이 정중앙에 솟아오르는 시각이 낮 12시가 아니고 거의 1시간 후인 오후 1시입니다. 정오正午인 낮 12시에는 해가 아직 올라가고 있는 중일 것입니다. 국제적인 분쟁의 여파로 프랑스 사람들은 이런 불편을 감수하며 살아가고 있습니다.

표준시는 런던이 0시일 때를 기준으로 각 나라 또는 도시의 경도에 따라 정해집니다. 그러니까 시차를 알면 경도 차이를 알 수 있습니다. 독일과 한국의 경도 차이는 시차 8시간에 15도를 곱해서 나오는 120도입니다. 한국의 표준시는 동경 135도를 기준으로 하므로 독일의 표준시는 여기서 120도를 뺀 동경 15도 선을 따릅니다.

2018년 남북 정상 회담에서 북한은 2018년 5월 5일부터 한국과 표준시를 통일하기로 했지요.

어, 그렇다면 그때까지는 북한과 시차가 있었다는 거네요? 몰랐어요.

서울의 시계 　　　　　　　　서울보다 30분 느린 평양의 시계

네, 표준시를 통일하기 전까지 그랬답니다. 우리는 동경 135도인 일본 도쿄와 같은 표준시를 사용하는데, 북한은 우리나라 실제 경도가 동경 127.5도임을 고집하며 30분 늦은 표준시를 독자적으로 사용해왔습니다. 그래서 판문점에 서로 30분 차이가 나는 시계를 각각 설치해야 했답니다.

일자	장소	교통	시간	일정
제1일 8/13 (수)	인천	KE855	09:00	인천 공항 집결
			11:05	인천 공항 출발
	베이징	전용 버스	12:10	베이징 공항 도착
				가이드 미팅, 중식 후 시내로 이동
				우의공원, 우의탑(높이 재기 수학 체험)
				이화원 관광, 스차하이 인력거 체험
				수학 체험 세미나 및 정리 후 휴식, 자유 시간
			HOTEL	죽등호텔

중국 베이징으로도 수학체험여행을 다녀온 적이 있는데, 위에 있는 2014년 제2차 중국 베이징 수학체험여행 일정표의 일부를 보고 중국까지는 비행시간이 얼마나 되는지 한번 계산해보지요.

비행시간을 계산하려면 시차를 알아야 합니다. 중국은 우리나라보다 1시간이 늦고, 서머타임 정책은 시행하지 않습니다.

아까 독일의 경우와 같은 방법으로 계산해보겠습니다. 한국 시각 기준으로 계산하면, 11시 5분에 출발한 비행기는 2시간 5분 후인 13시 10분에 베이징에 도착합니다. 이때 13시 10분은 한국 시각이므로 중국 시각은 여기서 1시간을 뺀 12시 10분이 됩니다. 이를 다시 중국 시각 기준으로 계산해보는 것도 의미 있는 활동이 됩니다. 출발 시각 11시 5분은 중국 시각으로 10시 5분입니다. 12시 10분에 도착하고 서머타임이 없으므로 비행시간은 이들의 차이인 2시간 5분으로 계산됩니다. 방법은 다르지만 계산 결과는 똑같은 것이 수학의 특징입니다. 다양한 방안을 구상하는 능력을 키워내는 과목이 수학입니다.

참고로 중국은 국토가 넓기 때문에 표준 시간대가 여러 개이지만 베이징을 기준으로 통일해 사용하고 있습니다.

미국은 중국만큼이나 넓은데도 각 지역별로 서로 다른 표준 시간대를 사용하잖아요. 중국도 당연히 그러는 줄 알았어요.

중국은 동서가 거의 6,000킬로미터에 가깝습니다. 3~4개의 시간대가 지날 것으로 생각할 수 있습니다. 그렇지만 중국은 '하나의 중국' 정책으로 통합성을 강조하면서 다양성을 허용하지 않는 분위기입니다. 다른 시간대에 사는 소수 민족을 무시하는 경향이 있다는 지적도 받습니다.

동쪽과 서쪽의 실제 시간이 3~4시간이나 차이 나기 때문에 아침 9시 베이징에는 해가 떠 있지만, 서쪽 지방은 아직 해가 뜨지 않은 컴컴한 아침입니다. 이 지역 사람들이 9시 출근 시각에 맞춰 무사히 출근할 수 있을지 걱정될 정도랍니다. 앞으로 어떻게 바뀔지 모르겠지만 현재까지는 이런 정책을 유지하고 있습니다. 북한이 표준시를 바꾼 것처럼 중국도 표준시 정책을 바꿀 날이 올 것이라고 생각합니다.

나라마다 표준 시간대가 다르면 해가 뜨고 지는 시간도 다르겠지요? 해마다 신정新正에는 일출日出을 보려는 사람들로 지구촌 곳곳에서 난리가 나는데, 해가 뜨고 지는 것에도 수학적인 원리가 있습니다.

2019년 마지막 날인 12월 31일 독도에서 해가 진 시각을 오후 5시 4분이라고 해보겠습니다.

자연히 2020년 1월 1일 독도의 해돋이 시각이 궁금해지는데요. 일몰 시각에 대한 정보로 다음 날 일출 시각을 알 수 있나요?

지역에 따라 약간의 오차는 있지만, 알아낼 수 있습니다. 지구는 둥그니까요.

결론부터 얘기하면 해가 중천에 떠오르는 시각, 즉 남중南中 시각을 기준으로 해가 뜨는 시각과 해가 지는 시각은 똑같은 간격으로 떨어져 있습니다. 따라서 해가 뜨는 시각에서 남중 시각까지, 남중 시각에서 해가 지는 시각까지 그 시간이 거의 같습니다.

남중 시각은 본래 낮 12시 정각을 뜻합니다. 그런데 독도는 동경 131도이므로 표준시인 일본 도쿄의 동경 135도보다 4도가 작습니다. 그래서 낮 12시에 일본 도쿄에서는 해가 남중하지만 독도에서는 4도에 해당하는 16분 후에 해가 남중합니다. 즉, 독도에서 보면 해가 남중하는 시각은 12시 16분입니다. 그리고 이 시각은 1년 365일 매일 일정합니다.

2019년 12월 31일 일몰 시각이 17시 4분이면, 다음 날인 2020년 1월 1일 일출 시각은 남중 시각인 12시 16분을 기준으로 계산할 수 있습니다. 낮 12시 16분부터 17시 4분까지가 4시간 48분이므로 일출 시각은 12시 16분에서 4시간 48분 모자란 7시 28분으로 계산할 수 있습니다. 실제 한국천문연구원 홈페이지에서 확인할 수 있는 독도의 일출 시각이 오전 7시 26분이니 계산이 거의 맞았네요.

또한 서울의 경도는 동경 127도이므로 낮 12시에 도쿄에서 해가 남중할 때 서울은 아직 오전이고, 8도에 해당하는 32분 후에 해가 남중합니다. 그러므로 서울은 12시 32분이 일출 시각과 일몰 시각의 평균이 됩니다. 이런 사실을 이용해서 일몰 시각만으로 일출 시각을 계산할 수 있는 것입니다.

다음은 2019년 하지와 동지의 서울 지역 일출, 일몰 시각입니다.

2019년 서울의 일출 시각과 일몰 시각

	일출 시각	일몰 시각
하지(6월 22일)	05:11	19:57
동지(12월 22일)	07:43	17:17

하지든 동지든 두 시각의 합을 반으로 나눠 평균을 내면 거의 12시 32분 근처에서 많이 벗어나지 않습니다.

더 정밀하게 계산하면 약간 차이가 날 수 있는데, 이는 지구가 완벽한 구 모양이 아니기 때문에 나타나는 현상입니다. 다만 평균이라는 개념을 통해 해가 뜨는 시각과 해가 지는 시각 사이의 관계를 생각해보는 것은 중요한 수학적 사고라고 할 수 있습니다.

다른 지역은 어떤가요? 다른 지역도 데이터를 모아 조사해보면 비슷하게 나오나요?

당연합니다. 서울과 독도와 마찬가지로 우리나라의 다른 지역은 물론 전 세계 어느 지역에서나 일출과 일몰 시각이 남중 시각을 기준으로 좌우 대칭을 이룬다는 것을 확인할 수 있습니다. 남중 시각이 일출과 일몰 시각의 평균이 됩니다. 지형 조건에 따라 약간의 차이가 있을 뿐입니다.

2016년 1월 1일 우리나라 각지의 일출 시각과 일몰 시각

지역	일출 시각	일몰 시각
태안	07:47	17:28
충주	07:41	17:19
포항	07:32	17:16
군산	07:43	17:27
거제	07:32	17:22
여수	07:35	17:26

태안이나 충주, 포항, 군산, 거제, 여수의 2016년 1월 1일 일출과 일몰 시각의 평균은 낮 12시 30분 근처입니다. 각 지역의 평균을 구해볼 수도 있겠지만, 그냥 합을 구하기만 해도 확인하는 데는 문제가 없습니다.

충주, 포항, 군산, 거제, 여수의 일출 시각과 일몰 시각의 합은 각각 25시, 24시 48분, 25시 10분, 24시 54분, 25시 1분 등으로, 10분 내외의 차이가 있을 뿐 거의 비슷합니다.

2013년 12월 나가사키의 일출 시각과 일몰 시각

날짜	일출 시각	일몰 시각
12월 14일	07:15	17:16
12월 15일	07:15	17:16
12월 16일	07:16	17:16
12월 17일	07:16	17:17
12월 18일	07:17	17:17
12월 19일	07:18	17:17
12월 20일	07:18	17:18

지구는 둥글기 때문에 세계 어디서나 비슷한 현상을 발견할 수 있습니다. 동경 130도에 위치한 일본 나가사키의 2013년 12월 중순의 일출과 일몰 시각 평균은 낮 12시 16~18분 정도입니다. 동경 130도는 우리나라와 마찬가지로 동경 135도인 표준시 지역보다 20분 정도 남중 시각이 늦으므로 나가사키의 일출과 일몰 시각의 평균은 해가 남중하는 12시 20분 근처를 기준으로 좌우 대칭을 이룹니다.

이번에는 조금 더 멀리 태평양의 하와이로 가보겠습니다. 호놀룰루는 동경이 아니라 서경 158도에 위치하고 있으면서 표준시는 서경 150도를 따르기 때문에 그리니치 천문대를 기준으로 10시간이 늦습니다. 그런데 거기서 8도 더 서쪽으로 가기 때문에 해가 남중하는 시각은 낮 12시 32분 정도입니다. 매월 15일을 기준으로 2018년의 일출과 일몰 시각을 기록한 표를 보면 매월 평균 시각이 12시 16~44분 범위에서 형성되고 있습니다.

2018년 매월 15일 호놀룰루의 일출 시각과 일몰 시각

월	일출 시각	일몰 시각
1월	07:11	18:11
2월	07:00	18:29
3월	06:38	18:41
4월	06:11	18:51
5월	05:52	19:02
6월	05:49	19:15
7월	05:58	19:16
8월	06:10	19:00
9월	06:18	18:33
10월	06:27	18:06
11월	06:43	17:49
12월	07:01	17:52

이렇듯 일출과 일몰 시각이 전 세계 어디서나 남중 시각을 기준으로 좌우 대칭을 이룬다는 것은 지구가 둥글다는 증거가 될 수 있습니다. 정확한 구 모양이 아니므로 지역별로 또는 지형에 따라 약간의 편차가 존재한다는 사실도 확인할 수 있습니다.

그런데 시계가 없던 과거에는 어떻게 시각을 알 수 있었을까요? 지금과 같은 시계는 아니더라도 인류는 해와 달 등을 이용하여 시각을 알 수 있는 여러 가지 장치를 만들었답니다. 대표적인 것이 해시계인데, 유럽을 여행하다 보면 건물 벽에 평면으로 된 해시계가 아직 남아

있는 것을 볼 수 있습니다. 우리나라는 간편한 평면 해시계는 물론, 곡면으로 된 해시계도 만들어 사용했답니다. 조선 시대 세종은 한양의 중심지인 혜정교와 종묘 앞에 해시계를 두고 백성 누구나 이용하도록 했다고 합니다. 지금은 경복궁에서 해시계를 볼 수 있지요.

오스트리아 호엔잘츠부르크 성 벽에 그려진 해시계

경복궁에 있는 해시계는 지금도 맞나요?

해시계는 해가 뜬 날이어야 맞는지 확인할 수 있습니다. 그림자가 해시계 안으로 드리워져야 시각을 알 수 있어요. 낮 12시 정각에 해시계는 어디를 가리키고 있을까요? 해시계(앙부일구)는 세종 때 만들어졌고 표준시는 20세기에 만들어졌으니 해시계를 만들 때는 표준시가 없었습니다.

우리나라에서 현재 낮 12시라고 하는 표준시는 일본 도쿄를 기준으로 하는 표준시입니다. 앞에서 설명했듯이 우리나라 서울은 일본보다 32분이 늦으므로 낮 12시에 해시계는 11시 28분을 가리킵니다.

그리고 12시 32분이 되면 해시계가 12시 정각을 가리킵니다. 따라서 경복궁에 있는 해시계는 지금 우리나라 표준시보다 32분 정도 느립니다. 그렇다고 해시계가 잘못되었다고 볼 수는 없겠지요.

낮 12시에 11시 28분을 가리키는 앙부일구

　참고로 세종 때 만들어진 공중용 앙부일구는 2개였습니다. 앞에서 말했듯이 하나는 종묘 남쪽 거리에, 또 하나는 혜정교에 돌로 대를 쌓고 그 위에 설치함으로써 일반 백성들이 이용할 수 있게 했다고 합니다. 하지만 이때의 앙부일구는 현존하지 않습니다.

　해시계는 그 종류가 여러 가지인데, 평면 해시계가 일반적입니다. 일출 시각과 일몰 시각은 매일 변해도 해가 남중하는 시각은 늘 일정하므로 1년 내내 사용 가능합니다. 한편, 앙부일구와 같은 곡면 해시계에는 좌우로 절기를 나타내는 선이 그어져 있습니다. 평면 해시계가 원형으로 회전하면서 시각을 알려준다면, 앙부일구는 시각과 함께 절기에 관한 정보를 동시에 제공합니다. 일차원상의 직선과 이차원의 좌표평면으로 각각 그려볼 수 있겠지요.

| 신용카드 비밀번호에 숨겨진 비밀 초4 큰수와나눗셈

전자금융감독규정 제33조 2항에 따르면 비밀번호 유출을 방지하기 위해 금융회사 또는 전자금융업자는 제3자가 쉽게 유추할 수 있는 비밀번호의 등록을 금지하고 있습니다.

네 자리 숫자로는 총 1만 가지의 비밀번호를 만들 수 있습니다. 각 자리마다 0~9의 10가지 숫자가 올 수 있으므로 $10 \times 10 \times 10 \times 10$을 계산하면, 그 경우의 수가 1만이 나옵니다. 이 중 동일 숫자와 연속 숫자 등은 유추하기가 쉬워 비밀번호로 사용할 수 없습니다.

동일 숫자와 연속 숫자를 제외하면 몇 가지가 남을까요?

우선 동일 숫자로 된 비밀번호는 0000, 1111, 2222, ……, 9999까지 10개입니다. 연속 숫자는 0123, 1234, 2345, 3456, ……, 7890까지 생각할 수 있는데, 실제 규정에서는 8901, 9012 등 앞뒤로 연결되는 비밀번호도 사용할 수 없습니다. 그래서 연속 숫자로 된 비밀번호도 10개입니다.

그럼 우리는 동일 숫자 10개와 연속 숫자 10개를 제외한 9,980개 중에서 비밀번호를 고르게 되나요?

결론적으로는 맞는 말이지만 주의해야 할 것이 있습니다. 동일 숫자와 연속 숫자 중 중복되는 것이 없는지 살펴보지 않았다면 9,980개라는 값은 언제든 틀릴 위험에 노출되어 있습니다. 실제로 동일 숫자와 연속 숫자는 서로 중복되는 것이 없으므로 결과는 9,980개라고 확신할 수 있겠습니다.

제가 쓰는 비밀번호와 다른 사람의 비밀번호가 같을 수도 있지요?

금융감독원이 발표한 자료를 보면, 2017년 말을 기준으로 우리나라에서 발행된 신용카드는 총 9,946만 장이었으며, 2018년 말에는 1억 장이 넘었습니다.

사용할 수 있는 비밀번호가 9,980개인데 신용카드가 1억 장이 넘었으면 저와 비밀번호가 같은 사람이 당연히 있겠네요.

그렇습니다. 비밀번호에 비해 신용카드가 워낙 많기 때문에 비밀번호가 같은 신용카드는 여러 장일 것입니다.
내 카드와 같은 비밀번호를 쓰는 카드는 최소 몇 장일까요?
신용카드 개수가 1억이고 비밀번호 개수가 9,980입니다. 일단 1억을 9,980으로 나누면 1만 20.04가 나옵니다. 그럼 우리는 별생각 없이 1만 20장 또는 1만 21장이라고 생각할 가능성이 많습니다. 그러나 정답은 한 장입니다.
내 카드의 비밀번호가 9182라고 했을 때 1억 장 중에서 9182라는 비밀번호를 쓰는 카드가 내 카드 말고 하나도 없을 수 있습니다. 이때

9182라는 비밀번호를 사용하는 카드는 단 하나이고, 이것이 최소라는 조건을 만족하는 답이 됩니다.

어떤 비밀번호라도 최대한 골고루 사용한다면 9,980개의 비밀번호 각각으로 먼저 1만 20장의 카드가 만들어질 수 있습니다. 9,980 × 10,020을 계산하면, 9,999만 9,600장의 카드가 만들어집니다. 이때 400장의 카드를 더 만들면 새로운 상황이 만들어집니다. 그렇다면 다음 명제는 사실일까요?

1억 장의 카드 중 똑같은 비밀번호를 사용하는 1만 21장 이상인 카드가 반드시 존재한다.

9,999만 9,600장까지는 똑같은 비밀번호를 사용하는 카드가 최대 1만 20장이 될 수 있지만 여기에 한 장의 카드만 더 추가되면 그 비밀번호는 이미 사용하고 있는 다른 카드의 비밀번호 중 어느 하나와 일치할 것이므로 똑같은 비밀번호를 사용하는 1만 21장 이상인 카드가 나오게 됩니다. 즉, 위 명제는 사실입니다.

| 바꿀 시기가 된 차량 번호판 초6 비와 비율 + 고교 여러 가지 평균과 수열

국토교통부에 따르면 2017년 12월 말 우리나라 자동차 누적 등록 대수가 2016년보다 72만 5,000대(3.3%) 늘어난 2,252만 8,295대라고 합니다. 매년 3퍼센트 정도의 증가율을 유지한다고 가정할 때, 10년 후인 2027년 말 우리나라의 자동차 누적 등록 대수를 예측하려면 어떤 계산이 필요할까요?

이런 예측은 수학을 공부하며 얻게 되는 추론 능력을 기반으로 합니다. 2가지 추론이 가능한데, 첫째는 매년 3퍼센트 증가하므로 단순하게 10년이면 30퍼센트라고 계산하는 것입니다. 이 방법대로 22,520,000×0.3을 계산하면 약 675만 대이므로 10년 후에는 약 2,927만 대가 되어 3,000만 대에 조금 못 미칠 것 같네요.*

그런데 매년 3퍼센트 증가하는 상황을 단순히 10년에 30퍼센트라고 계산하는 것이 실제로는 타당하지 않잖아요.

은행 이자를 계산하는 방법에는 단리單利와 복리複利가 있습니다. 중·고등학교 때 배운 내용이지요. 고등학교에서 수열의 합을 배울 때 기수불期首拂 또는 기말불期末拂이라는 복잡한 용어를 들어본 기억이 날 수도 있습니다.

지금 상황에서는 복리 계산이 필요합니다.

즉, 매년 3퍼센트씩 증가한다고 하면 10년이 지났을 때 이자가 정

---

* 참고로 이 계산을 정확히 정리할 필요가 있다. 22,520,000×0.3을 계산한 약 675만을 다시 2,252만에 더해 약 2,927만이 나오는 계산을 한꺼번에 실행하는 방법은 22,520,000×1.3을 계산하는 것이다. 1.3=1+0.3으로 고쳐 생각하면 이해할 수 있다. 즉, 22,520,000×1.3=22,520,000×(1+0.3)=22,520,000+22,520,000×0.3이므로 22,520,000×1.3은 본래 수치에 30퍼센트 늘어난 수치를 더한 값을 구하는 식이 된다. 이런 방식의 계산은 일상에서 실제 많이 사용하게 되므로 이해해둘 필요가 있다.

확히 10배 늘어나는 것이 아니라, '이자에 이자가 붙어' 실제 이자는 10배보다 더 많이 늘어납니다. 이것을 정확하게는 $(1+0.03)^{10}$으로 계산합니다. 공학용 계산기를 사용하면 결과가 약 1.344이고, 1은 본래 수치를 의미하므로 0.344, 즉 34.4퍼센트가 증가한다는 것을 알 수 있습니다.

이렇게 계산하면 $22{,}520{,}000 \times 0.344 \fallingdotseq 7{,}750{,}000$이므로 그냥 30퍼센트로 계산했을 때보다 100만 대나 더 늘어납니다. 복리 방식으로 계산하면 10년 후 우리나라의 자동차 등록 대수는 3,000만 대가 조금 넘을 것으로 예상할 수 있고, 이 수치가 정확한 예측값입니다.

그런데 2018년 3월의 언론 기사는 당시 차량 번호판으로 10년 후는커녕 당장도 감당할 수가 없으니 번호판의 숫자를 하나 늘리거나 한글에 받침을 붙이는 등의 방법을 놓고 시민의 여론을 듣겠다고 했습니다.

당시 번호판으로는 자동차 몇 대를 표시할 수 있었는데요?

자동차 등록 대수는 자동차 번호판에 사용하는 수의 자릿수 및 문자의 개수와 밀접한 관계가 있습니다.

자동차가 100대 미만이라면 자동차 번호를 두 자리 수로도 감당할 수 있습니다. 하지만 100대가 넘어가면 세 자리 수가 필요하지요.

이런 식으로 자동차 대수의 증가에 맞춰 당시에는 '12가 3456'과 같은 형태의 번호판을 사용하고 있었습니다.

차종　용도　　등록번호

　'12가 3456'과 같은 형태의 번호판, 그러니까 숫자 6개와 문자 하나로는 총 몇 대의 자동차를 감당할 수 있는지, 그 경우의 수를 계산해보겠습니다.

　숫자는 각 자리마다 0~9의 10가지 경우가 있습니다. 가운데 한글문자는 다음과 같이 40개를 사용합니다. 이론적으로 생각하면 이 형식의 번호판으로 등록할 수 있는 최댓값은 $10 \times 10 \times 40 \times 10 \times 10 \times 10 \times 10 = 40,000,000$이므로 4,000만 대입니다.

용도(가운데 한글 문자)		
구분		문자 기호
비사업용		가, 나, 다, 라, 마, 거, 너, 더, 러, 머, 버, 서, 어, 저, 고, 노, 도, 로, 모, 보, 소, 오, 조, 구, 누, 구, 루, 무, 부, 수, 우, 주
사업용	택시	아, 바, 사, 자
	택배	배
	렌터카	하, 허, 호

4,000만 대를 감당할 수 있으면 번호판을 바꿀 이유가 없잖아요.

그러게 말입니다. 10년 후의 자동차 수를 예상해봤을 때, 복리로 계산하더라도 3,000만 대가 조금 넘을 뿐인데 사람들은 왜 감당이 안 된다고 했을까요?

총 4,000만 대를 표시할 수 있으므로 당분간은 문제가 없을 것처럼 보입니다. 하지만 용도별로 들어가면 사정이 달라집니다. 비사업용, 즉 자가용 승용차가 문제입니다. 시급하게 새로운 자동차 번호판을 만들어야 했던 이유는 자가용 자동차 등록 번호가 고갈되었기 때문입니다.

국토교통부는 2가지 방안을 제시했습니다. 첫 번째 방안은 앞자리 수를 하나 더 늘리는 것인데, 그 자리에 0~9를 사용하면 쓸 수 있는 수가 10배 늘어나 2~3억 대를 표시할 수 있게 됩니다. 앞으로 수십 년은 무난하게 사용할 수 있겠지요. 그리고 두 번째 방안은 한글에 받침을 3개 정도(ㄱ, ㄴ, ㅇ) 추가하는 방안인데, 이렇게 하면 번호판이 3배 정도 늘어납니다.

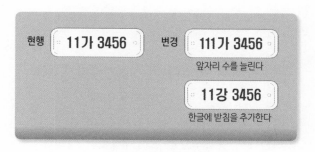

당시의 자동차 번호판 변경 예상안

2018년 5월 신문 기사에는 시민들이 선호하는 첫 번째 방안으로 진행될 것이라 보도되었고, 2019년 9월부터 자동차 번호판은 앞자리

수가 하나 늘어 세 자리로 바뀌었습니다.

앞에서 단리법으로 계산한 결과와 복리법으로 계산한 결과는 그 차이가 컸습니다. 돈을 빌리면 복리법이 적용되어 이자가 생각보다 많이 늘어나는데, 이런 현상을 보통 '기하급수적으로' 불어난다고 합니다.

지금 보니 기하급수적이라는 단어에 기하와 급수가 있는데, 혹시 수학에 나오는 그 '기하'와 '급수'인가요?

그렇습니다. 수를 여러 개 나열한 것이 수열數列, 그 수열 각 항의 합이 급수級數입니다. 대표적인 수열로는 등차수열等差數列과 등비수열等比數列이 있는데, 등차수열은 차이가 일정한 수열입니다. 다음과 같은 것들이 등차수열입니다.

① 1, 2, 3, 4, 5, ……
② 5, 3, 1, -1, -3, ……
③ 1, 4, 7, 10, 13, ……

수식으로 나타내면 일차식으로 표현되지요.
등비수열은 비율이 일정한 수열입니다.

④ 1, 2, 4, 8, 16, ……

⑤ 2, -6, 18, -54, 162, ……

⑥ $1, \dfrac{1}{2}, \left(\dfrac{1}{2}\right)^2, \left(\dfrac{1}{2}\right)^3, \left(\dfrac{1}{2}\right)^4, \cdots$

수식으로 나타내면 거듭제곱, 즉 지수의 형태로 표현됩니다.

등비수열을 영어로 geometric sequence라고 하는데, 이때 geometry는 기하, 즉 도형이라는 뜻입니다. 등비수열을 기하수열이라고 부르던 때도 있었습니다. 그러므로 기하급수는 등비수열의 합을 뜻하며 교과서에서는 등비급수라고 합니다. 즉, 기하급수와 등비급수는 같은 말입니다.

가령 앞의 ④는 등비수열, 즉 기하수열이므로 그 합 $1+2+2^2+2^3+2^4+\cdots$ 은 등비급수 또는 기하급수라고 할 수 있습니다. 일반적으로 등비수열은 거듭제곱으로 커지므로 등차수열에 비해 빨리 커지는 경향을 보입니다. 그것들을 다 더한 등비급수는 더 빨리 커진다고 볼 수 있습니다.

이와 같이 어떤 사물이 항상 이전 수량의 몇 배로 증가하는 경향을 기하급수적으로 증가한다고 표현합니다.

영국의 인구통계학자이자 경제학자인 맬서스가 쓴 『인구론』에 세계 인구는 '기하급수적'으로, 식량은 '산술급수적'으로 증가한다는 말이 나옵니다. 맬서스가 인구 과잉에 따른 빈곤의 위기를 경고한 18세기 말의 세계 인구는 10억이 채 되지 않았습니다. 그의 예측대로 세계 인구는 기하급수적으로 늘어 2030년쯤 지구 인구는 90억을 돌파할 것으로 예측됩니다. 어마어마하게 늘어나지요.

이뿐만 아니라 신문이나 언론 매체에서 기하급수적으로 증가한다는 기사를 흔히 접하는데, 기하급수적으로 증가한다는 것이 얼마나 엄청난지를 보여줄 때 예로 드는 이야기가 있습니다.

인도의 승려인 세타가 체스 게임을 발명해 보급할 당시, 인도에 살라라는 왕자가 있었습니다. 체스가 너무 재미있었던 살라 왕자는 세타에게 상을 내리기로 마음먹고 그를 불렀습니다. 세타는 체스 판 첫 칸에 쌀알 한 톨, 그다음 칸엔 쌀알 두 톨, 그다음 칸엔 쌀알 네 톨, … 이렇게 2배씩 쌀알을 늘려 체스 판의 64칸을 채워달라고 요구했습니다. 왕자는 소박한 제안이라고 생각하며 승낙했지요. 그런데 다음 날, 왕실의 수학자들이 모두 왕자에게 달려와 약속을 취소하라고 요청했습니다.

왜 그랬을까요?

체스 판을 이 방식으로 채운다면 각 칸에는 순서대로 1, 2, 2^2, 2^3, …, 2^{63}톨이 필요하고, 이를 모두 합하면 $2^{64}-1$, 계산하면 18,446,744,073,709,551,615가 됩니다. 이것은 지구상에 있는 쌀을 모두 합해도 구할 수 없는 양입니다. 엄청나지요.

또 다른 놀랄만한 이야기가 있습니다. 종이를 42번 접으면 그 두께가 지구에서 달나라까지의 거리와 같다고 하는데, 얼핏 들어서는 도무지 믿기지 않습니다.

그런데 사실입니다. 아무리 커다란 신문지도 7~8번 정도 접으면 더 이상 접을 수 없습니다. 42번을 접는다 가정하고 계산해보겠습니다.

종이 한 장의 두께는, 너무 얇아서 재기 어렵지만 A4 용지 한 묶음이 500장인 것을 이용하면 계산할 수 있습니다. 500장 한 묶음의 높이가 5센티미터 정도이므로 이를 500으로 나누면 0.01센티미터, 그러니까 종이 한 장의 두께는 0.1밀리미터입니다.

이제 이것을 한 번 접으면 2배, 2번 접으면 $4(2^2)$배, 3번 접으면 $8(2^3)$배, …, 42번 접으면 2^{42}배이므로 A4 용지 2^{42}장의 두께를 구하면 됩니다.

2^{10}=1,024인데, 계산 편의를 위해 이를 약 $1,000(10^3)$으로 생각하면, 100밀리미터이므로 10센티미터가 됩니다. 2^{20}은 10센티미터의 약 1,000배이므로 100미터이고, 2^{30}은 100미터의 약 1,000배이므로 100킬로미터, 2^{40}은 100킬로미터의 약 1,000배이므로 10만 킬로미터입니다. 여기서 2번을 더 접으면 4배가 늘어나므로 2^{42}은 40만 킬로미터입니다.

인터넷에서 검색해보니 실제로 지구와 달 사이 거리가 약 38만~44만 킬로미터라고 합니다. 종이를 42번 접은 두께가 지구에서 달까지의 거리와 맞먹는다는 것을 확인할 수 있습니다.

아, 쥐도 있어요. 번식력이 강해서 기하급수적으로 불어난다고 들었어요. 그런데 대체 어느 정도이기에 기하급수라는 말을 써서 표현할까요?

쥐의 번식력은 실로 대단합니다. 임신 기간은 보통 22일 정도, 이론상으로는 매달 임신이 가능하지만 보통 2~3개월에 한 번 새끼를 낳습니다. 동시에 6~10마리 정도 낳을 수 있고, 새끼 쥐도 생후 2~3개월이 지나면 번식이 가능합니다.

계산상 편의를 위해 부모 쥐 한 쌍이 3개월에 한 번 새끼를 6마리씩 낳는다고 가정하겠습니다. 이때, 새끼 6마리는 암수 각각 3마리씩이며 이 3쌍도 생후 3개월이 지나면 성체가 되어 새끼를 낳기 시작합니다. 1년 후에 부모 쥐 한 쌍의 가족은 모두 몇 마리가 되어 있을까요?

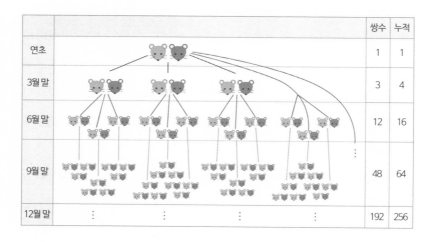

		쌍수	누적
연초		1	1
3월말		3	4
6월말		12	16
9월말		48	64
12월말		192	256

1년 후에는 256쌍의 대가족이 생깁니다. 부모와 새끼들이 모두 문제없이 번식에 성공할 수 있다면 1년에 최소 512마리로 불어나는 것입니다. 이 정도면 기하급수적으로 번식한다고 할 수 있습니다. 쥐뿐만 아니라 토끼도 기하급수적으로 번식하는 동물입니다. 뒤의 수열 부분에서 피보나치수열을 이야기할 때 다시 설명하겠습니다.

'기하'라는 말이 나오는 곳은 또 있습니다. 평균은 전체의 합을 그 개수로 나누어 구하는 것이 상식인데, 어떤 경우에는 다른 방식으로 평균을 구해야 할 때가 있습니다. 보편적으로 사용하는 전자의 평균을 산술평균이라 하고, 기하평균, 조화평균 등이 후자에 해당합니다.

평균이 여러 가지인가요?

그렇습니다. 보통 사용하는 평균대로 총합을 전체의 개수로 나누어 계산할 경우 2가지 상황에서 착오가 발생합니다. 하나는 비율의 평균을 구할 때이고, 또 하나는 속력 등의 평균을 구할 때입니다.

보통의 평균 개념과 다른 평균이 존재하므로 이쯤 되면 평균을 구분할 필요를 느낄 것입니다. 그래서 보통의 평균을 산술평균이라 부르고, 비율의 평균은 기하평균, 속력 등의 평균은 조화평균이라 부릅니다.

두 수치 a, b에 대하여 보통의 평균을 수식으로 나타내면 $\frac{a+b}{2}$입니다. 하지만 비율의 평균은 합을 2로 나누는 것이 아니고 곱한 다음 다시 제곱근을 취하는 방법으로 구합니다. 이렇게 하면 $\sqrt{ab}$가 평균입니다.

속력 등에 대한 평균은 먼저 역수의 합을 2로 나눈 다음 다시 역수를 취해 구합니다. 순서대로, 먼저 $\frac{\frac{1}{a}+\frac{1}{b}}{2}=\frac{a+b}{2ab}$를 구한 다음 다시 역수를 취하면 $\frac{2ab}{a+b}$라는 조화평균이 나옵니다.

그럼 기하평균을 실제로 구해보겠습니다. 100명이었던 어떤 지역의 인구가 재개발로 인해 첫해에는 2배, 즉 200명으로 늘었고, 다음 해에는 8배, 즉 1,600명으로 늘었다면 두 해 평균 몇 배로 늘어난 것일까요?

보통은 2와 8을 더한 합 10을 2로 나누어 평균 5배라고 생각하기 쉽습니다.

맞아요. 저도 그렇게 풀려고 했어요.

그렇다면, 처음부터 5배씩 늘어난 것으로 가정하고 계산을 한번 해봅시다.

100명이 첫해에 5배로 늘어나면 500명이 되고, 다음 해에 또 5배로 늘어나면 2,500명이 되어야 합니다. 하지만 실제로는 1,600명이니 차이가 많이 납니다.

산술평균으로 계산했을 때 이처럼 오차가 크게 나는 까닭은 2배나 8배가 '비율'이기 때문입니다. 이럴 때는 기하평균을 사용합니다. 2와 8의 곱 16에 대한 제곱근은 4입니다. 이제 확인해보겠습니다. 100명의 4배는 400명이고, 다시 4배를 하면 1,600명이 됩니다. 정확하지요.

이번에는 조화평균입니다. 거리가 120킬로미터인 두 도시 사이를 왕복하는데, 갈 때는 시속 60킬로미터로, 올 때는 시속 40킬로미터로 운행했습니다. 왕복하는 동안의 평균 속력은 얼마였을까요?

보통의 산술평균 계산으로는 60과 40을 더한 100을 2로 나누어 50이 나옵니다. 이번에도 맞는지 확인을 해보겠습니다. 걸린 시간을 계산하면 됩니다. 실제로 갈 때 걸린 시간은 2시간, 올 때 걸린 시간은 3시간으로, 왕복하는 데 5시간이 걸렸습니다. 그런데 평균 50킬로미터/시의 속력으로 달렸다고 하면 갈 때 2.4시간, 올 때 2.4시간으로, 왕복하는 데 걸린 시간은 4.8시간입니다. 또 차이가 발생합니다. 평균이 50은 아니라는 것입니다.

자, 이제 조화평균으로 구해보겠습니다. $\frac{1}{60}+\frac{1}{40}=\frac{5}{120}$를 2로 나누면 $\frac{5}{240}$이고, 이것의 역수를 취해 계산하면, $\frac{240}{5}=48$입니다. 평균 속력은 48킬로미터/시입니다. 다시 확인해보겠습니다. 왕복 240킬로미터를 시속 48킬로미터로 달리면 5시간이 걸립니다. 정확하게 일치합니다.

그런데 등비급수는 왜 기하급수라고 불리게 되었나요?

기하幾何는 도형을 뜻하는 용어입니다. 이 용어가 왜 거듭제곱으로 표현되는 등비급수에 적용되었는지 생각해보면 등비급수와 넓이 사이의 관련성을 찾을 수 있습니다. 가로, 세로의 길이가 각각 a, b인 직사각형의 넓이는 $a \times b$이고, 한 변의 길이가 a인 정사각형의 넓이는 a^2입니다. 이처럼 넓이는 곱으로 표현됩니다. 등비수열도 계속 똑같은 수가 곱해져 거듭제곱으로 표현되므로 넓이와 등비수열 사이에는 곱한다는 공통점이 있습니다.

가로, 세로의 길이가 각각 a, b인 직사각형과 넓이가 똑같은 정사각형의 한 변의 길이는 얼마일까요? 수식이 나와서 복잡하게 느껴지겠지만 조금 견디면 좋은 소식을 얻을 수 있습니다.

가로, 세로의 길이가 각각 a, b인 직사각형의 넓이는 ab이므로 넓이가 ab인 정사각형의 한 변의 길이를 구하면 됩니다. 정사각형은 가로, 세로의 길이가 같으므로 제곱해서 ab가 나오는 수가 정사각형의 한 변의 길이입니다. 제곱해서 ab가 나오는 수는 ab의 제곱근이고, 이 값은 $\sqrt{ab}$입니다. 평균으로 말하면 기하평균이지요.

등비수열은 마치 기하, 즉 도형의 넓이를 구하는 것처럼 곱셈의 개념으로 증가한다는 의미에서 기하수열이라 불리게 되었다고 볼 수 있습니다.

| 차량 번호를 지나치지 못하는 사람 초2 덧셈

달리는 차창 너머로 지나가는 차의 번호판이 보입니다. 수학을 좋아하는 사람 중에는 자동차 번호판의 수를 그냥 지나치지 못하는 사람이 있습니다. 대표적인 사람이 인도 출신 수학자 라마누잔이지요. 차량 번호판이 1729였는데, 이 수는 2개의 세제곱 수로 나타내는 방법이 2가지인 최소의 자연수라는 것이었습니다.

$$1729=12^3+1^3=10^3+9^3$$

이 정도까지는 아니더라도 수학 좋아하는 사람들은 자동차 번호판의 수를 더해보는 경우가 많습니다. 차량이 빨리 지나가는데도 기가막히게 그 합을 구하지요.

빨리 구할 수 있는 방법이 혹시 따로 있는 것 아닐까요?

일곱 자리 번호판이 나온 것은 최근의 일이므로, 보통 차 번호판에는 수가 6개 나옵니다. 이들의 합을 구하는 가장 초보적인 방법은 앞에서부터 차례로 더하는 것입니다.

예를 들어, 차량 번호가 31가 5678이라고 하면 3+1=4, 4+5=9, 9+6=15, 15+7=22, 22+8=30, 이런 식으로 더해나가는 것입니다.

초등학교 1학년 학생들이 배우는 '모으기'를 적용하는 방법도 있습니다. 두 수를 모아 10이 되는 수를 찾는 것입니다. 3+7=10 이렇게 한 쌍을 모으면 10이 되고, 남은 수 1, 5, 6, 8을 차례로 더하면 20이 되므로 전체 합은 30입니다.

이 밖에도 고수들은 세 수를 모아 10 또는 20이 되는 수를 찾는 방법을 씁니다. 5+7+8=20이고, 남은 1, 3, 6도 1+3+6=10이므로 총합은 30, 이렇게 구하는 것이지요.

한 자리의 수 3개를 더해 10이나 20을 만드는 것은 암산에서 많이 사용하는 방법입니다. 수를 하나씩 보는 단계에서 둘을 보는 모으기로 발전하고 셋을 동시에 보는 암산의 단계까지 가면 수 감각이 훨씬 민감해져 있을 것입니다.

두 수나 세 수를 한꺼번에 보는 방법이 유용한 이유는 덧셈에 대해 교환법칙과 결합법칙이 성립하기 때문입니다. 수를 더할 때 더하는 두 수를 바꿔 더하거나 세 수를 더할 때 어떤 수부터 더하든지 순서에 상관없이 그 결과는 마찬가지라는 것입니다. 그리고 두 수나 세 수의 합이 10이나 20이 된다는 사실을 이용할 수 있는 것은 우리가 자릿값 개념을 갖고 있기 때문입니다. 이런 개념은 모두 초등학교 1~2학년에 형성된답니다.

333이라고 할 때 처음에 쓴 3과 가운데 있는 3과 마지막의 3은 모두 같은 숫자이지만 그 값은 서로 다릅니다. 처음에 쓴 숫자 3은 300

을, 가운데 숫자 3은 30을, 마지막 숫자 3은 그냥 3을 나타냅니다. 이렇게 숫자가 같아도 쓰인 위치, 즉 자리에 따라 값이 달라진다는 의미로 '자릿값 개념'이라고 합니다.

하, 옛일이라 배운 기억이 전혀 없어요. 그런데 자릿값 개념은 굳이 따로 배우지 않아도 다 아는 내용 아닐까요?

여러분이야 익숙해서 별거 아니라고 생각하겠지만, 어릴 때는 헷갈릴 수 있는 개념입니다. 아라비아 숫자가 지금 세계적으로 널리 쓰이는 것도 알고 보면 이 자릿값 개념이 있어서예요. 단 10개의 숫자만으로 모든 수를 나타낼 수 있으니까요.

예를 들어 로마 숫자는 Ⅰ부터 1을 하나씩 늘려 Ⅱ, Ⅲ으로 쓰다가 Ⅴ(5) 앞으로 Ⅰ을 Ⅳ와 같이 써서 4를 나타냅니다. Ⅴ 다음에는 다시 Ⅵ, Ⅶ, Ⅷ을 쓰다가 Ⅹ(10) 앞으로 Ⅰ을 Ⅸ와 같이 써서 9를 나타냅니다. 로마 숫자는 이와 같이 5와 10, 50과 100, 500과 1,000을 각각 다른 문자로 나타내기 때문에 외워야 하는 숫자가 많고, 수가 점점 더 커지면 그 수를 나타내는 숫자도 늘어나서 어려움을 겪게 됩니다. 특히 로마 숫자로는 연산을 하기가 어렵습니다. 이는 한자 등 아라비아 숫자를 제외한 나머지 숫자 모두 마찬가지입니다.

하지만 아라비아 숫자는 자릿값 개념을 가지고 있는 위치적 기수법입니다. 위치를 가지고 수를 센다는 뜻으로, 십진기수법이라고도 합니다. 10이 올라갈 때마다 자리가 하나씩 왼쪽으로 옮겨지면서 커진다는 뜻입니다. 십진법을 사용하기 때문이지요.

그러게요, 로마 숫자로는 곱셈을 어떻게 하나요? 곱셈이 가능한가요?

실제 로마 숫자로 덧셈은 가능하다고도 볼 수 있지만 곱셈을 하는 것은 어렵습니다. 곱셈을 할라치면 머리에 쥐가 날 것입니다. 37×25 라는 곱셈을 (ХХХⅦ)×(ХХⅤ)로 표현할 수는 있지만 막상 어디서부터 시작해야 하고 어떻게 그 결과를 표현할지, 막막하기 그지없습니다. 한자도 마찬가지입니다. 그래서 곱셈이나 나눗셈을 할 때는 산가지나 주판 등의 도구들을 사용했답니다.

이렇게 복잡한 계산의 처리나 숫자의 개수 등을 생각하면 전 세계에서 아라비아 숫자를 사용하게 된 이유를 짐작할 수 있습니다. 아라비아 숫자는 위치적 기수법, 즉 자릿값을 사용하기 때문에 곱셈 등 연산을 보다 쉽게 처리할 수 있는 장점을 갖고 있습니다.

또한 아라비아 숫자에서는 0이 매우 중요합니다. 0은 수 중 가장 늦게 발명되었는데, 아무것도 없다는 뜻을 나타내는 0이라는 기호가 없으면 아라비아 숫자는 완벽성을 갖지 못합니다. 아무것도 없음을 나타내는 기호가 있다는 것은 아무것도 없는 상태를 하나의 대상으로 인식하고 거기에 대응하는 수를 만든 것으로 볼 수 있습니다.

여러 문화권에서 0 없이 숫자를 나타냈습니다. 예를 들어 203을 중국은 '二百三'으로, 로마는 'CCⅢ'과 같이 기록했습니다. 주판 등에서는 0을 그냥 나타내지 않는 것으로 자릿값 표현이 이루어집니다.

아라비아 숫자도 0이 없었다면 203과 같은 수를 나타낼 때 가운데를 비우고 '2 3'으로 썼을 것입니다. '2 3'만 놓고 본다면 이십삼을 뜻하는지 이백삼을 뜻하는지 구별되지 않습니다. 0이 있기 때문에 3은 뒤에서 첫 번째, 2는 뒤에서 세 번째 숫자임을 알 수 있습니다. 0이 있어 각 숫자의 위치가 어디인지 정확하게 쓸 수 있게 된 것입니다.

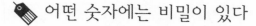

어떤 숫자에는 비밀이 있다

| 주민등록번호와 우편번호 초4 큰수

주민등록번호도 바꿀 수 있다는 사실을 알고 있나요?*

주민등록번호를 비롯한 개인 정보 유출로 피해를 보는 사람이 많아지자 추가 피해를 막기 위해 2017년 5월 30일부터 주민등록번호 변경이 가능해졌습니다. 그렇다고 번호 전체를 아무렇게나 바꿀 수 있는 것은 아닙니다. 앞자리 6개 수가 나타내는 생년월일과 뒷부분 첫 자리가 나타내는 성별은 바꿀 수 없고, 다음과 같이 출생지 정보를

---

* 한편, 주민등록번호만으로 출신지 등을 파악할 수 있는 현행 체계는 지역 차별, 개인 정보 유출 등과 관련해 꾸준히 논란이 있어왔다. 행정안전부는 2020년 10월부터 뒷자리 7개 숫자 중 성별을 나타내는 첫 자리를 제외한 나머지 6개 숫자에 지역번호 대신 임의번호를 부여하는 새 체계를 적용하겠다고 발표했다. 출생, 국적 취득 등으로 신규 주민등록번호를 발급받거나 주민등록번호 변경을 신청할 경우 새 체계가 적용된다.

바꾸게 됩니다.

주민등록 변경 방식

990101 - 1	23	45	6	7
생년월일 성별	출생지 (광역)	출생지 (읍면동)	등록 순서	검증 번호
변경 불가	변경 가능		현행 방식으로 재부여	

주민등록번호 앞부분 여섯 자리가 생년월일을 나타낸다는 것은 모두가 아는 사실입니다. 그리고 뒷부분 일곱 자리 중 첫 자리가 남녀의 성별을 나타낸다는 것까지는 상식일 것입니다. 하지만 나머지 여섯 자리는 잘 모르는 경우가 많습니다. 국가에서 임의로 정해준 것이라고 생각할 수 있는데, 여기에도 정해진 규칙과 정보가 있습니다.

그런데 성별을 나타내는 뒷부분 첫 번째 자리는 2000년대 들어와 바뀌었습니다. 1900년대에 태어난 사람들의 경우 남성은 1로 시작하고 여성은 2로 시작하지만, 2000년대에 태어난 사람들은 남성 3, 여성 4로 시작합니다.

왜 바뀐 건가요?

인간의 수명이 길어지면서 혼란이 생길 수 있게 되었기 때문입니다. 흔히 100세 시대라고 하지요. 수명이 100세를 넘어가면 무슨 문제가 생길까요?

1900년 1월 1일에 태어난 남성의 주민등록번호는 000101-1＊＊ ＊＊＊＊입니다. 그런데 이분이 생존한 상태에서 2000년 1월 1일에 남성이 태어나면, 주민등록번호가 000101-1＊＊＊＊＊＊로 일치하게 됩니다. 그래서 뒤의 성별을 3으로 바꿔 000101-3＊＊＊＊＊＊으로 만든 것입니다.

2100년대에는 또 어떻게 해야 할지 고민이 됩니다. 중복되는 문제가 발생할 소지를 없애기 위해 2100년대에 출생한 사람은 남성 5, 여성 6을 사용하면 될까요?

사실 남성 5, 여성 6으로 시작하는 주민등록번호는 이미 사용 중입니다. 외국에서 태어난 사람들의 주민등록번호에 사용하고 있답니다. 그리고 2000년대에 태어난 외국인은 남성 7, 여성 8을 사용하고 있습니다.

이 문제를 해결하는 방법은 인간의 수명에 달려 있습니다. 2018년 기록으로 기네스북이 인정한 최고령자는 만 117세의 일본 여성입니다. 인간의 최고 수명이 120세 정도라고 보면 2100년대에 태어난 사람이 다시 1, 2를 사용해도 중복될 가능성은 전혀 없습니다. 아마도 이런 이유 때문에 정부에서는 외국에서 태어난 사람들에게 5, 6, 7, 8을 줄 수 있었을 것입니다. 인간의 수명이 200세를 넘지 않는 이상 1, 2와 3, 4를 번갈아 사용해도 중복되는 문제는 발생하지 않습니다.

아, 그렇겠네요. 그런데 아까 주민등록번호 뒷부분에 출생지 정보가 나타나 있다고 하셨어요. 처음 듣는 얘기예요.

같은 학교에 다니는 초등학생들의 주민등록번호를 보면 뒤의 두 번째와 세 번째 자리가 거의 같습니다. 예를 들어 뒤의 첫 세 자리가 305 또는 405인 아이들이 많으면 이 학교는 서울에 있다는 것을 알 수 있습니다. 출생지가 서울이면 00~08을 쓰고 출생지가 부산이면 09~12를 쓰는 등 주민등록번호에 규칙이 정해져 있기 때문입니다.

주민등록번호 체계(뒷자리)

맨 마지막의 검증 번호는 어떻게 정해질까요? 이 번호는 주민등록번호의 체계가 맞는지를 체크할 뿐 '검증 번호'라는 실제 이름과 관계가 없습니다.

일단 주민등록번호 각 자리의 수에 차례대로 2, 3, 4, 5, 6, 7, 8, 9, 2, 3, 4, 5를 곱해보세요. 그리고 곱해서 나온 값을 모두 더해 합을 구합니다. 그다음 이 합을 11로 나눈 나머지를 구하세요. 11에서 이 나머지를 뺀 수가 마지막 수가 될 것입니다. 여러분 각자의 주민등록번호로 계산해보면 확인할 수 있습니다. 계산이 조금 길기는 하지만 각자 주민등록번호가 실제 맞는 것인지 한번 확인해보세요. 그리고 가족들의 주민등록번호도 확인해봅시다.

우편번호는 어떤가요? 우편번호 규칙에 따라 정해지나요?

우편번호에도 주민등록번호와 비슷한 원리가 적용되어 있습니다. 현재 우편번호는 다섯 자리인데 이것도 지역과 관련이 깊습니다. 요즘은 편지 보낼 일이 점점 줄어들고 있어 우편번호를 외우는 것 자체가 쉽지 않고 편지에 우편번호를 쓰지 않았다고 해서 옛날처럼 벌금을 무는 것도 아니지요. 그러니 자기 집 우편번호를 외우지 않고 사는 시대가 되었습니다.

2015년 8월 1일부터 사용하고 있는 다섯 자리 우편번호는 다음과 같은 규칙으로 구성되어 있습니다. 앞의 세 자리로는 시·군·자치구를 구별하고, 뒤의 두 자리에는 연번이 부여됩니다.

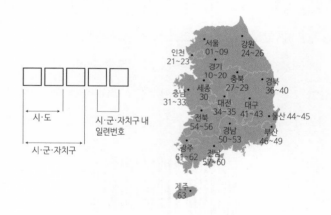

주민등록번호와 마찬가지로 우편번호 역시 수만 보고 얻을 수 있는 정보가 많습니다. 만약 순서와 규칙 없이 임의로 우편번호를 매겼다면 큰 혼란을 야기했을 것입니다. 우편번호를 봐도 어느 지역인지 알 수 없을 테니까요. 우체국에서도 산더미 같은 우편물을 분류하는 데 더 많은 인력이 필요했겠지요.

| 바코드에도 규칙이 있다 초5 약수와 배수

마트에 진열된 물건에는 모두 바코드가 붙어 있습니다. 계산대에서 이 바코드를 스캐너로 읽어 가격을 계산합니다.

바코드가 어떻게 가격을 나타내는 건가요?

마트에 있는 물건마다 바코드에 찍힌 숫자가 다 다릅니다. 막대의 굵기도 다릅니다. 계산대에서 스캐너로 바코드를 읽으면 삑 소리가 나면서 계산이 됩니다. 바코드의 정보를 인식했기 때문입니다.

바코드는 굵기가 다른 검은색과 흰색 막대를 조합시켜 컴퓨터가 물건을 판독할 수 있도록 고안된 코드로, 주로 제품의 포장지에 인쇄됩니다. 여기에는 숫자도 쓰여 있습니다. 모두 열세 자리인데, 처음 세 자리는 물건이 만들어진 국가를 나타냅니다. 우리나라는 880입니다. 그다음 네 자리는 제조업체, 그다음 다섯 자리는 상품의 고유 번호입니다.

국가 표시   제조 업체 코드   자체 상품 코드 검증 코드

마지막 열세 번째 자리의 수는 앞의 12개 숫자가 맞게 표시되었는지를 검증하는 체크 숫자입니다. 체크 숫자를 정하는 규칙은 다음과 같습니다.

(홀수 번째 자리의 수의 합)+(짝수 번째 자리의 수의 합)×3+(체크 숫자)=(10의 배수)

그럼 직접 확인해보겠습니다. 왼쪽 바코드의 홀수 번째 자리의 수의 합은 9+9+1+9+2+6=36, 짝수 번째 자리의 수의 합은 7+1+8+4+6+2=28입니다.

이제 36+28×3+0을 계산해 10의 배수가 나오는지 확인해봅니다. 정확히 10의 배수인 120입니다.

이번 바코드는 홀수 번째 자리의 수의 합이 9+9+1+6+1+4=30, 짝수 번째 자리의 수의 합은 7+1+8+7+2+1=26입니다. 그러면 30+26×3+2=110으로 10의 배수입니다.

모든 바코드에 이 규칙이 적용되어 있나요?

그렇습니다. 그래서 바코드의 수가 하나 지워진 경우에도 지워진 수가 무엇인지 알아낼 수 있습니다.

이번 바코드의 홀수 번째 자리의 수의 합은 9+9+1+6+1+1=27이고, 짝수 번째 자리의 수의 합은 7+1+8+7+2+9=34입니다. 27+34×3=129이므로 여기에 마지막 체크 숫자를 더해 10의 배수가 되는 수를 생각하면 체크 숫자가 1임을 알 수 있습니다.

바코드 스캐너는 숫자를 어떻게 읽는 건가요?

바코드 스캐너는 숫자를 읽는 게 아니라 막대를 읽습니다. 바코드에는 검은색 막대가 있고 그 사이에 흰색 여백이 있습니다. 그런데 그 굵기가 다 다르지요. 검은색 막대도 굵기가 다르고 흰색 여백도 굵기가 다릅니다. 그리고 검은색 막대 2개와 흰색 여백 2개가 대응해 숫자 하나를 나타냅니다.

스캐너에 바코드를 갖다 대면 스캐너에 읽힌 검은색 막대는 대부분의 빛을 흡수하기 때문에 적은 양의 빛만 반사하고, 반대로 흰색 여백은 대부분의 빛을 반사하기 때문에 많은 양을 반사합니다. 이때 반사 비율의 차이를 통해 센서가 숫자를 인식하는데, 여기에 아날로그인 전기 신호와 디지털 수인 0과 1, 즉 이진법의 수가 이용됩니다. 그리고 0과 1의 조합은 다시 아라비아 숫자인 0~9의 십진법 수로 환원됩니다.

결국 검은색 막대와 흰색 여백을 조합하여 문자와 숫자 등을 표현함으로써 데이터를 빠르게 입력할 수 있도록 만든 장치가 바코드입니다. 바코드를 이용하면 물건에 대한 정보를 일일이 입력하지 않아도 판매량과 금액 등의 정보를 신속하고 정확하게 집계할 수 있기 때문에 매장에서 관리와 유통 업무를 보다 효율적으로 처리하는 데 많은 도움이 됩니다.

| 다리를 보고 머리를 맞혀라, 학구산 초6 비와비율

학구산鶴龜算은 학과 거북의 마릿수를 계산하는 것입니다. 학과 거북 각각의 마릿수는 몰라도 그들의 머릿수의 합과 다리 수의 합을 이용해서 학과 거북 각각의 마릿수를 구할 수 있습니다. 문제의 소재가 꼭 학과 거북일 필요는 없습니다. 중요한 것은 한 동물은 다리가 2개이고 또 다른 동물은 다리가 4개라는 사실입니다. 같은 조건이면 항상 똑같은 질문을 만들 수 있고, 똑같은 결과가 나옵니다. 실제 문제를 하나 만들어 해결해보도록 하겠습니다.

학과 거북의 머릿수의 합이 10, 다리 수의 합이 28이다.
학과 거북은 각각 몇 마리인가?

보통 이런 문제는 초등학교에서 다루게 되는데, 중학교 1~2학년에도 나옵니다. 중학교 2학년 과정에서는 연립방정식의 활용 문제로, 중학교 1학년 과정에서는 일차방정식의 활용 문제로 나오지요. 초등학교에서는 '예상과 확인'이라는 문제 해결 전략을 사용할 때 나옵니다.

왜 똑같은 문제를 초등학교와 중학교에서 모두 다뤄요?

똑같은 내용을 초등학교와 중학교에서 다루는 경우는 이 외에도 많습니다. 마찬가지로 중학교와 고등학교에서 똑같은 주제나 문제를 다루기도 합니다. 이렇게 학교 급을 달리해서 같은 문제를 여러 번 다루는 것은 방법에 차이가 있기도 하고, 좀 더 깊은 내용을 다루기 위해서이기도 합니다.

문제를 살펴보지요. 초등학교와 중학교의 차이는 x, y와 같은 문자의 사용 유무입니다. 아마도 중학교 2학년 이상의 학생이나 성인 들은 문자를 사용하는 연립방정식을 가장 먼저 떠올릴 것입니다.

학과 거북을 각각 x마리, y마리라고 하면, 머릿수의 합이 10이므로

$$x+y=10$$

이고, 다리 수의 합이 28이므로

$$2x+4y=28$$

이렇게 두 식을 만들 수 있고, 두 식을 연립하여 풀면 $x=6$, $y=4$라는 답을 구할 수 있습니다.

즉, 학 6마리에 다리 수 12, 거북 4마리에 다리 수가 16이면 도합 28이므로 문제의 상황에 맞는 답임을 확인할 수 있습니다.

중학교 1학년 과정에서는 아직 연립방정식 푸는 법을 배우지 않았으므로 문자를 하나만 사용합니다.

학이 x마리이면 거북은 $(10-x)$마리입니다. 그리고 다리 수의 합이 28이므로

$$2x+4(10-x)=28$$

이고, 이 일차방정식을 풀면 $x=6$입니다. 그러므로 학 6마리, 거북 4마리라는 답이 나옵니다.

초등학교에서는 문자를 사용하지 않는다고 하셨는데, 초등학생들은

이 문제를 어떻게 풀지요?

초등학교에서는 '예상과 확인'이라는 전략을 사용할 수 있습니다. 그런데 지금은 교과서에 이런 용어나 전략을 명시적으로 사용하지는 않습니다.

초등학교에서는 문자를 이용하여 문제 푸는 과정 자체를 배우지 않으므로 문자를 사용하지 않고 문제를 해결하는 방법으로 먼저 답을 예상하고, 확인해보는 과정을 따릅니다.

그럼 10마리 모두 다 학이라고 예상해볼까요? 그럼 다리는 20개입니다. 자, 다리의 수에 착오가 생겼습니다. 다리가 더 많아져야 하므로 학의 수를 줄이고 거북의 수를 늘려갑니다.

학 9마리, 거북 1마리 → 다리 수: 18+4=22(개)
학 8마리, 거북 2마리 → 다리 수: 16+8=24(개)
학 7마리, 거북 3마리 → 다리 수: 14+12=26(개)
학 6마리, 거북 4마리 → 다리 수: 12+16=28(개)

조건이 딱 맞아떨어지는 경우는 학이 6마리, 거북이 4마리일 때입니다.

더 세련된 방법도 있습니다. 머리를 조금 더 써볼까요?

10마리 전부 학이라고 예상하면 다리가 20개이고, 학을 거북으로 고치면 다리가 2개씩 늘어납니다. 모자라는 다리가 8개이므로 학과 거북을 4마리 바꾸면 되겠지요.

아, 또 이런 방법은 어떨까요? 갑자기 학과 거북에게 명령하는 것입니다. 너희들 모두 다리 절반을 들어라!

그러면 다리가 28개의 절반인 14개가 됩니다. 10개를 초과하는 4개가 거북의 다리임을 알 수 있습니다. 거북이 4마리이면, 자연히 학은 6마리가 됩니다.

문제 하나를 여러 가지 방법으로 풀었네요.

그렇습니다. 수학이 단순히 답만 구하는 학문이라면 굳이 이렇게 다양한 아이디어를 구사할 필요가 없을 것입니다. 일상의 문제 역시 다양한 것들이 얽혀 복합적인 구조를 가지고 있습니다. 아직 완전히 믿기는 어렵겠지만, 수학은 바로 일상의 복합적인 문제들을 해결하는 데 도움이 된다는 사실을 받아들이면 좋겠습니다. 물론 여러 가지 학문이 다 일상과 얽혀 있지만 수학만큼 구조 자체가 명확하고 문제 해결 도구가 다양한 학문은 또 없습니다. 수학의 구조는 지극히 명확하여 만국 공통 언어라고 불릴 정도이며, 수학에서는 그림이나 그래프, 수와 식, 표, 문장 등 다양한 도구를 이용하여 문제를 해결합니다. 그러므로 수학 공부는 결국 우리에게 다양한 수학적 사고력을 키워주는 역할을 하게 되고, 수학적 사고력은 일상의 문제를 해결하는 데 큰 힘이 됩니다. 다만 보이지 않아 믿기 어려울 뿐이지요.

옛날에는 초등에서 연산을 배울 때 주로 세로셈을 배웠습니다. 그래서 성인들은 대부분의 연산을 세로로만 계산하는 습관을 갖고 있습니다. 그런데 요즘 초등학생들이 배우는 수학 교과서를 보면 세로셈이 표준적인 방법으로 여전히 남아 있지만 기계적인 계산 연습보다는 다양한 풀이가 안내되어 있습니다. 가로로 푼다든가 자리를 떼어 같은 자리 수끼리 먼저 계산한 후 나중에 합친다든가 한 수를 갈라 순차적으로 계산한다든가, 아주 다양한 전략을 사용합니다. 이를 보는 어른들의 마음은 답답하기만 하지요. 세로셈으로 계산하면 간단히 답을 구할 수 있는데 왜 그렇게 다양한 방법을 생각해내라고 할까요?

수학이 답만 내는 것을 배우는 학문이 아니라 수학적 사고, 즉 다양한 사고를 배우는 학문임을 생각하면 이런 변화를 이해할 수 있을 것입니다.

자, 그럼 다시 학구산으로 돌아와서, 문자를 사용하는 방법과 문자를 사용하지 않는 방법 중 어떤 것이 좋은 방법일까요?

문자를 사용하는 것이 쉽고 편리했어요.

그렇습니다. 문자를 사용하여 식을 만들면 문제 풀이 과정이 더 깔끔하고 편리합니다. 그런데 식을 만드는 과정에서 어려움을 느낀다면 문자를 사용하는 것이 마냥 편리한 것만은 아닙니다. 실제로 어떤 상황을 두고 문자를 사용하여 식을 만들면 문제의 상황이나 맥락이 사라져버려 이후의 과정은 지극히 연산만 신경 쓰는 계산 문제로 변하고 맙니다. 재미와 현실성이 떨어지지요. 점점 수학에 대한 내적 동기가 줄어듭니다.

이에 반해 문자를 사용하지 않는 '예상과 확인'과 같은 문제 해결

전략에서는 문제를 해결하는 마지막까지 학과 거북의 상황과 맥락이 계속 살아 있습니다. 그리고 식에 대한 고민이 필요 없으므로 식을 세우지 못해 포기하는 경우가 발생하지 않습니다. 풀이 또한 다양합니다. 표를 만들거나 그림을 그려 문제를 해결할 수도 있습니다.

그럼 문자를 사용하지 않는 것이 더 좋은 방법인가요?

수학은 기계적으로 계산하는 학문이 아니라 생각하고 상상하는 학문입니다. 데카르트가 문자를 사용한 수식을 만든 이후, 수학 문제는 그 풀이가 아주 간편해졌지만 수학적 사고는 오히려 퇴보했습니다. 식이 만들어지면 이후 가감법 등 주로 더하고 빼는 과정을 통해 답이 나오므로 답을 원하는 사람에게는 유익하지만, 주어진 상황과 맥락을 잊은 채 문제를 풀게 되므로 수학을 공부하는 것이 단순하고 지루하고 재미없어집니다. 문자를 사용한 이후의 수학에서는 사고력을 기대하기가 어렵습니다. 결국 수학 공부를 통해 사고력을 기르는 것이 목적이라면 문자 사용을 최대한 뒤로 미루는 것이 교육적입니다.

문제를 하나 더 해결해보면서 문자를 사용할 때와 사용하지 않을 때의 느낌을 정리해보기 바랍니다.

동생이 집을 출발하고 9분 후 형이 동생을 따라 나섰다. 동생은 매분 80미터의 속력으로 걷고, 형은 매분 200미터의 속력으로 자전거를 타고 따라간다면 형이 동생과 만나는 것은 집에서 몇 미터 떨어진 지점인가?

중학교에서 방정식의 활용 문제로 많이 볼 수 있는 문제입니다. 중학교 교과서에서는 활용 문제를 푸는 요령의 첫 번째로 '구하는 것을 미지수 x로 둔다'고 가르칩니다. 만나는 지점을 물었으니 집에서 x미터 떨어진 지점에서 만났다 가정하고 문제를 풀 수도 있지만 만나는 시간을 x분 후로 두고 문제를 해결할 수도 있습니다. 지금은 형이 집을 출발한 지 x분 후에 만난다 가정하고 식을 세워보겠습니다.

　　형이 x분 동안 움직인 거리는 $200x$미터이고, 동생은 9분 앞서 출발했으므로 동생이 움직인 거리는 $(80x+720)$미터입니다. 만나는 조건은 두 사람이 움직인 거리가 똑같을 때이므로 $200x=80x+720$이라는 방정식을 세울 수 있고, 이 방정식을 풀면 $x=6$입니다. 그러므로 형이 동생과 만나는 지점은 집에서 $200 \times 6=1{,}200(\mathrm{m})$ 떨어진 곳입니다.

　　이 문제를 초등학생은 어떻게 풀까요? 초등학교에는 문자를 이용하는 과정이 없으므로 다양한 상상력을 동원해야 합니다. 우선 주어진 상황을 그림으로 나타내면 다음과 같습니다.

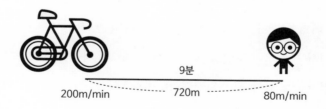

　　이미 동생은 $80 \times 9=720(\mathrm{m})$ 앞에 가고 있습니다. 형은 이 720미터를 따라잡아야 동생을 만날 수 있습니다. 형이 출발하면서부터 두 사람의 속력의 차이를 생각하면 1분에 120미터씩 형이 간격을 좁힐 수 있습니다. 1분에 120미터씩 720미터를 따라잡으려면 720÷120=6, 6분이 걸립니다. 따라서 6분 만에 두 사람은 만나고, 이때까지 형이 움직인 거리는 200×6=1,200(m)입니다.

두 사람의 속력의 차이라는 개념을 물리에서는 상대속도相對速度 라고 합니다. 이것은 어느 한 사람이 움직이지 않는다는 가정하에 다른 사람이 이 사람을 향해 달려오는 것처럼 보이는 현상에서 얻을 수 있는 발상입니다. 이런 사고를 통해 두 사람이 움직이는 문제가 한 사람만 움직이는 문제로 바뀝니다.

상대속도는 일상에서도 많이 느낄 수 있습니다. 고속도로를 달릴 때 보면 다른 차들이 내가 탄 차를 앞지르기도 하지만 내 차가 다른 차들을 앞지르기도 합니다. 어떤 차들은 계속 나란히 달리기도 하지요. 내 차가 다른 차를 앞지를 때, 다른 차가 뒤로 가는 것처럼 보이지만 사실은 그렇지 않지요. 내 차와 옆 차 모두 앞으로 가고 있지만, 속도가 달라 마치 옆 차가 뒤로 가는 것처럼 느껴집니다. 이것이 상대속도입니다.

예를 들어 내 차가 시속 100킬로미터로 달리고 있고 옆 트럭이 시속 80킬로미터로 달리고 있을 때 내 차에서 보면 트럭이 시속 20킬로미터로 후진하는 것처럼 보이고, 트럭에서 볼 때 내 차는 시속 20킬로미터로 달려가는 느낌이 들 것입니다. 또 비가 내리는 날 자동차를 타고 가면서 창밖을 보면 빗방울이 비스듬히 내리는 것처럼 보이는데, 이것도 상대속도에 따라 발생하는 현상입니다. 빗방울은 하늘에서 수직으로 땅에 떨어질 뿐 앞뒤나 좌우로 움직이지 않지만 차가 앞으로 나아가고 있기 때문에 빗방울이 비스듬히 내리는 것처럼 보이는 것입니다.

⚙️ 이상한 나라의 갑축년

| 1919년은 기미년, 2020년은 경자년 _{초5} 약수와 배수

해마다 3월 1일, 즉 삼일절에 전국적으로 만세 행사가 열립니다. 올해도 곳곳에서 삼일절 노래가 울려 퍼졌습니다.

기미년 3월 1일 정오

터지자 밀물 같은 대한 독립 만세

태극기 곳곳마다 3,000만이 하나로

이날은 우리의 의요 생명이요 교훈이다

한강물 다시 흐르고 백두산 높았다

선열하 이 나라를 보소서

동포야 이날을 길이 빛내자

유관순 열사는 서대문형무소에서 돌아가셨습니다. 당시 나이 18세였지요. 저는 마침 집이 서대문독립공원 앞이라 매년 3월 1일에 삼일절 노래를 듣습니다. 역사에 보면 3·1운동이 발발한 해가 1919년인데 노랫말에는 명시적으로 이 연도가 나오지 않습니다.

삼일절 노래가 '기미년 3월 1일 정오' 하고 시작하잖아요. 기미년이 1919년 아니에요?

그렇습니다. 삼일절 노래 첫 줄에 기미년이 나오고, 유관순 열사 등이 독립을 외친 해가 1919년이므로 기미년이 1919년 맞습니다. 그런데 1919년만 기미년인 것은 아닙니다.

기미년이라는 말은 숫자를 연속해서 쓰는 서기西紀가 아니라 십간십이지를 이용하는 연도 표시입니다. 십간십이지는 천간의 맨 처음이 갑甲이고, 지지의 맨 처음이 자子여서 60갑자라고도 불립니다. 60이 붙은 것은 60년마다 다시 기미년이 돌아오기 때문입니다. 이렇게 생각하면 1919년뿐만 아니라 60년 후인 1979년도 기미년이었고, 다시 60년을 더한 2039년도 기미년일 것입니다. 수학에서는 이런 것을 주기週期라고 합니다.

그런데 왜 60인가요? 어떻게 60년마다 같은 해가 돌아와요?

그건 60이 10과 12의 최소공배수임을 생각해야 합니다.

천간인 갑, 을, 병, 정, …과 지지인 자, 축, 인, 묘, …를 하나씩 짝 지어보겠습니다.

천간	갑	을	병	정	무	기	경	신	임	계
	甲	乙	丙	丁	戊	己	庚	辛	壬	癸

지지	자	축	인	묘	진	사	오	미	신	유	술	해
	子	丑	寅	卯	辰	巳	午	未	申	酉	戌	亥

갑자, 을축, 병인, 정묘, …, 계유 → 10개

다시 갑술, 을해, 병자, 정축, …, 계미 → 10개

다시…

이렇게 하다 보면 10(간)×12(지)=120(가지)이 될 것으로 생각할 수 있습니다. 나열하는 방법 중 하나인 수형도를 그려봐도 120가지가 나오는 것으로 생각할 수 있습니다. 그런데 수형도를 자세히 보세요.

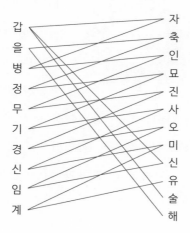

갑이 처음에 자와 연결되어 갑자가 되고, 다음으로 을과 축이 연결되어 을축이 되는데, 이런 식으로 계유까지 10개가 끝나면 다시 갑으로 넘어가 갑술부터 계미까지 또 10개를 연결하고, 다시 갑신으로 넘어갑니다.

아, 둘씩 건너뛰게 되네요.

그렇습니다. 이렇게 되면 십간의 첫 번째 천간인 갑은 십이지의 홀수 번째 지지하고만 만나고 두 번째 천간인 을은 짝수 번째에 있는 지지하고만 만나게 됩니다. 다른 것도 마찬가지이므로 120가지 중에서 절반만 나올 수 있음을 추측할 수 있습니다. 갑자년은 있어도 갑축년은 없고, 을축년은 있어도 을자년은 없다는 것을 생각해보면 어렵지 않을 것입니다. 이런 것을 주기적인 현상이라고 합니다.

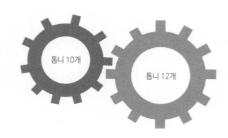

서로 맞물려 돌아가는 톱니바퀴가 있습니다. 한쪽은 톱니가 10개, 다른 쪽은 톱니가 12개입니다. 이 둘이 서로 맞물려 60번을 돌았을 때 왼쪽은 6바퀴, 오른쪽은 5바퀴 돈 상태에서 다시 처음 자리로 와 맞물리므로 새로 반복되는 주기는 60입니다. 결국 10과 12의 최소공배수인 60이 주기가 되지요. 60갑자가 되는 것과 같은 원리라고 볼 수 있습니다.

| 공평하게 간식을 나누는 것은 가능할까? 초5 약수와 배수

12명의 일행이 박물관 탐사에 필요한 간식을 준비하려고 합니다. 간식은 초콜릿입니다. 초콜릿은 두 종류인데, 딸기초콜릿은 박스 하나에 6개가 들어 있고, 밀크초콜릿은 박스 하나에 4개가 들어 있습니다. 12명 모두에게 똑같은 수의 딸기초콜릿과 밀크초콜릿을 나눠 주고 남는 초콜릿이 없으려면 초콜릿을 각각 몇 박스씩 사야 할까요?

간단하게 생각하면 딸기초콜릿은 박스 하나에 6개가 들어 있으므로 2박스를 사면 12명에게 각각 하나씩 나눠 줄 수 있습니다.

그럼 밀크초콜릿은 한 박스에 4개가 들어 있으니까 3박스를 사면 하나씩 나눠 줄 수 있어요.

그렇습니다. 혹시 딸기초콜릿을 2개씩 나눠 주고 싶으면 4박스를 사면 되겠지요.

그런데 일행이 3명 늘어 15명이 되었습니다. 딸기초콜릿을 2박스 사면 모자라고 3박스 사면 남습니다. 밀크초콜릿도 3박스를 사면 모자라고 4박스를 사면 남게 되는데, 남는 초콜릿 없이 최소한으로 사는 방법이 있을까요?

우선 박스의 개수를 늘려가 보지요. 딸기초콜릿 2박스는 모자랍니다. 3박스를 사서 18개를 하나씩 나눠 주면 3개가 남고, 4박스를 사서 24개를 하나씩 나눠 주면 9개가 남습니다. 그런데 5박스를 사서 30개를 2개씩 나눠 주면 남는 게 없습니다.

이렇게 하나하나 따져봐야 답을 찾을 수 있는 걸까요?

하다 보면 언젠가는 답을 구하게 되겠지만 아무래도 보다 효율적인 방법을 찾아야겠지요.

박스 하나에 6개가 들어 있는 딸기초콜릿을 15명에게 남는 것 없이 나눠 주려면 30개(5박스)를 사서 2개씩 나누면 됩니다. 이때 6과 15, 30, 2는 서로 어떤 관계일까요?

나중의 두 수 중 30은 앞의 두 수 6과 15의 최소공배수입니다. '일행 15명'과 '상자 하나에 6개'이므로 15와 6의 공배수여야만 남는 게 없는 상황이 되고, 최소라는 조건까지 고려하면 최소공배수라는 개념이 딱 맞아떨어집니다.

밀크초콜릿도 최소공배수 개념으로 생각하면, 15와 4의 최소공배수인 60개가 필요합니다. 밀크초콜릿 15박스가 60개이므로 각각 4개씩 나눠 주면 남는 것이 없습니다.

🔑 쓰는 데만 석 달이 걸리는 숫자

| 소수를 찾는 자, 명예를 얻으리라 중1 소수

$2^{82589933}-1$은 지금까지 발견된 소수 중 가장 큰 수입니다. 2018년 말에 발견되었는데, 이것을 숫자로 쓰는 데는 자그마치 석 달 이상 걸립니다. 51번째 메르센 소수Mersenne prime라고 불립니다.

1644년 프랑스 수학자 마랭 메르센Marin Mersenne은 2^n-1형태의 수 중 소수가 되는 경우에 관심을 가졌습니다. 그 과정을 순전히 손으로 계산해오다 1957년 한스 리젤이 컴퓨터로 소수를 확인하기 시작했습니다. 한스 리젤이 확인한 수는 18번째 메르센 소수였고, 969자리였습니다. 이때부터는 소수 발견 시기가 좀 빨라졌고, 점점 더 큰 소수들이 발견되었습니다. 2013년에 48번째 메르센 소수가 발견된 이후 49번째와 50번째는 2년을 주기로 발견되더니 51번째 소수는 1년 만에 발견되었습니다.

그런데 소수가 뭔가요? 학교 다닐 때 배우기는 했을 텐데 평소 쓰는 일이 없어 그런가 기억나는 게 하나도 없어요.

  소수는 1보다 큰 자연수 중 1과 자기 자신만을 약수로 가지는 수입니다. 한 자리 수로는 2, 3, 5, 7의 4개가 있고, 두 자리 수로는 11, 13, 17, ……, 97까지 21개가 있는데, 소수가 나타나는 뚜렷한 규칙을 아직 알아내지 못했기 때문에 오히려 여러 분야에서 응용되고 있습니다. 암호에 쓰인다는 것은 이제 많이 아는 상식이지요.
  지금도 가장 큰 소수를 찾기 위한 노력이 끊이지 않고 있으며 일반인 중에도 최대 소수를 찾기 위해 도전하는 사람이 있습니다. 소수는 무한한 것이 사실이니까 이런 도전은 앞으로도 끝이 없겠지요?

그런데 왜 계속 더 큰 소수를 찾아요?

  상금과 같은 외적 동기도 작용하겠지만 그보다는 가장 큰 소수를 발견하겠다는 목표 의식과 명예에 대한 내적 동기가 더 크다고 볼 수 있습니다. 50번째 메르센 소수의 발견자는 미국 테네시주의 전기 기사 조너선 페이스인데, 14년 동안 메르센 소수를 찾아 헤맸다고 합니다. 하지만 그가 받은 상금은 고작 3,000달러(당시 약 300만 원)였어요. 14년의 노력에 맞는, 적당한 대가라고 보기는 어렵습니다.
  소수는 숫자가 크면 패턴이 없습니다. 따라서 어떤 공식, 즉 정해진 알고리즘을 활용하기가 쉽지 않습니다. 이 때문에 엄청나게 큰 메르센 소수는 암호에 사용됩니다. 2개의 소수를 묶어 암호 키로 설정해 두면 외부에서 풀어내기가 어렵습니다. 예를 들어, 웹상 거래에서 신용카드 번호를 안전하게 전송할 수 있는 이유는 RSA 암호의 공개 키 덕분입니다. RSA 암호는 2개의 소수를 기반으로 하며, 전자거래상 보안에 있어 중요한 역할을 수행합니다. 컴퓨터 등 기계의 성능이 계속 좋아지고 있는 만큼 암호로 사용되는 소수가 더욱 커져야만 보안이 확보되기 때문입니다.

컴퓨터 등 과학 기술의 발전이 암호를 따라가지 못하는 것인가요?

암호 해킹이 어려운 것은 현재 사용되는 RSA 암호 키에 소수가 사용되기 때문입니다. 공개된 키에 대해 소인수분해를 해야만 해커들이 암호를 캐낼 수 있는데 수가 크면 소인수분해하는 것이 쉽지 않습니다. 소인수분해는 어떤 자연수를 소수들만의 곱으로 나타내는 것을 말합니다.

두 소수를 주고 그 곱을 구하게 하는 문제와 두 소수를 곱한 결과를 주고 곱을 이룬 두 소수를 구하게 하는 문제 중 어느 것이 더 어려울까요? 예를 들어, 두 소수 101과 199를 곱하라고 하면 계산기를 사용해 20,099를 구할 수 있습니다. 반대로, 곱해서 1,147이 나오는 두 소수를 찾으라고 하면 작은 소수부터 차례로, 그러니까 2, 3, 5, 7로 나눠봐야 합니다. 나누어떨어지는 것이 없으니 계속해서 11, 13, 17, 19, …… 이와 같이 점점 더 큰 수로 나누어떨어지는 경우를 찾아야 합니다. 1,147은 비록 네 자리밖에 안 되지만, 곱했을 때 1,147이 되는 두 수를 빨리 찾아내는 것은 쉽지 않습니다. 이처럼 두 소수를 주고 그 곱을 구하는 것과 곱한 결과를 주고 곱을 이루는 두 소수를 구하는 것은 명백하게 후자가 더 어렵습니다.

공개되지 않은 비밀 키는 공개된 키에 대한 소인수분해라고 볼 수 있습니다. 우리가 쓰는 카드에는 키가 들어가 있으며, 그것으로는 복제도 가능합니다. 그렇더라도 일단 소인수분해를 해야 다른 것도 할 수 있습니다. 따라서 계속하여 큰 소수가 발견된다면 그만큼 보안도 강화될 것입니다.

또한 RSA 암호는 비대칭성을 띱니다. 즉, 암호를 만드는 방법과 만들어진 암호를 해독하는 방법이 서로 다릅니다. 군대에서 암호 대신 간단하게 사용하는 음어라는 것이 있는데, 음어는 대칭성을 가지고 있어 해독될 수 있으므로 긴급하고 단기간인 작전에서만 사용합니다. 반면 RSA 암호는 누구나 만들 수 있지만 그 해독은 키를 지닌 사람만이 가능하기 때문에 보안이 유지됩니다. 해독의 결정적인 단서를 소수가 쥐고 있는 것입니다.

새로 발견되는 소수는 갈수록 그 수가 커질 테니 앞으로 발견 속도는 느려지겠네요?

소수의 발견이 본격화된 것은 라파엘 로빈슨이 1952년에 5개의 소수를 발견하면서부터입니다. 이후 2000년까지 약 50년에 걸쳐 26

개가 발견되었고, 21세기 들어 2019년까지 약 20년에 걸쳐 새로 발견된 소수는 13개입니다. 20세기에는 50년간 26개의 소수를 발견했는데, 다음 세기에는 20년간 13개를 발견했다는 사실을 놓고 보면 발견 속도는 오히려 빨라졌음을 알 수 있습니다. 갈수록 소수가 어마어마하게 커지지만 발견 속도가 느려지지 않은 것은 컴퓨터의 발달 속도와 무관하지 않을 것입니다.

2018년에 발견된 51번째 소수는 무려 2,480만 자리의 수였습니다. 44번째 소수는 980만 자리의 수였는데, 이 수를 시각적으로 보여 주기 위해서는 한 페이지당 75자리 숫자를 50줄씩 써도 2,616페이지가 필요하다고 합니다. 이를 토대로 추측하면 51번째 소수를 위해서는 무려 6,620페이지가 필요할 것이라고 해요.

| 긴장감 있게 선물을 주는 방법 (중1) 소수

유치원에서 16명의 어린이들이 둥글게 원 모양으로 앉아 있습니다. 선생님은 아이들에게 선물을 하나씩 나눠 주려고 합니다. 가장 손쉬운 방법은 ①번 어린이부터 차례로 나눠 주는 것입니다. 이렇게 하면 공평하게 모두에게 하나씩 나눠 줄 수 있습니다.

하하, 선물 나눠 주는 것에서도 수학을 생각하시는 거예요?

그냥 나눠 주면 되는 일이기는 합니다만 조금만 상황을 달리하면 여기서도 수학적인 생각을 이끌어낼 수 있습니다. 하지만 유치원 아이들에게 이 상황을 수학적으로 설명하는 것은, 포기하십시오.

아이들이 둥글게 앉아 있는 데서 선생님이 계속 4명씩 건너뛰며 선물을 주면 어떤 일이 벌어질까요? ①번 어린이에게 선물을 주고 4명을 건너뛰어 ⑤번 어린이에게 주는 것이지요. 선물은 모두 16개예요. 이렇게 해도 모두가 선물을 하나씩 받을 수 있을까요?

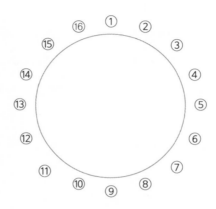

① → ⑤ → ⑨ → ⑬ → ① → ⑤ → ⑨ → ⑬ → ……

①번, ⑤번, ⑨번, ⑬번 어린이는 선물을 4개씩 받고, 나머지 12명은 선물을 하나도 받지 못합니다.

이번에는 6명씩 건너뜁니다.

① → ⑦ → ⑬ → ③ → ⑨ → ⑮ → ⑤ → ⑪ → ① → ⑦ → ……

①번, ③번, ⑤번 등 홀수 번호 어린이는 선물을 2개씩 받고, ②번,

④번, ⑥번 등 짝수 번호 어린이는 선물을 하나도 받지 못합니다.

이번에는 5명씩 건너뛰어볼게요.

① → ⑥ → ⑪ → ⑯ → ⑤ → ⑩ → ⑮ → ④ → ⑨ → ⑭ →

여기까지는 골고루 하나씩 선물을 받았습니다. 마저 다 나눠 줘볼까요?

③ → ⑧ → ⑬ → ② → ⑦ → ⑫

①번부터 차례로 나눠 줄 때와 비교하면 나눠 주는 순서는 다르지만 16명 모두에게 선물을 공평하게 나눠 줄 수 있습니다. 그리고 나중에 받게 되는 어린이들의 마음을 조마조마하게 만들면서 긴장감을 갖게 하는 효과도 있습니다.

4명이나 6명을 건너뛸 때는 모두에게 나눠 줄 수 없었는데 5명을 건너뛰면 가능한 이유는 무엇일까요? 4는 16의 약수이고, 6은 16의 약수는 아니지만 6과 16의 최대공약수가 2인 반면, 5와 16의 최대공약수는 1이기 때문입니다. 이런 경우를 서로소라고 합니다.

약수는 나누어떨어지게 하는 수이므로 16이 몇 개의 묶음으로 묶이면 그중 한 묶음에게만 선물이 돌아가지만, 서로소인 경우에는 그런 묶음이 생기지 않기 때문에 선물이 골고루 돌아갑니다.

3과 16 역시 서로소이므로 3명씩 건너뛰는 경우에도 모두에게 선물이 돌아갑니다.

$$① \rightarrow ④ \rightarrow ⑦ \rightarrow ⑩ \rightarrow ⑬ \rightarrow ⑯ \rightarrow ③ \rightarrow ⑥ \rightarrow ⑨ \rightarrow ⑫ \rightarrow$$
$$⑮ \rightarrow ② \rightarrow ⑤ \rightarrow ⑧ \rightarrow ⑪ \rightarrow ⑭$$

그러므로 유치원 선생님은 16과 서로소인 1, 3, 5, 7, 9, 11, 13, 15 중 하나를 택해 건너뛰며 나눠 주면 모든 아이에게 선물이 돌아간다는 확신을 가질 수 있습니다.

재미있는 방법이네요. 이렇게 서로소를 이용할 수 있는 상황이 또 있을까요? 기회가 되면 이용해보고 싶어요.

점핑워치jumping watch라는 시계가 있습니다. 보통 시계와 다릅니다. 숫자가 순서대로 쓰이지 않았습니다. 그런데 이 시계로도 불편 없이 시간을 볼 수 있습니다. 이 시계는 한 시간이 지나면 갑자기 시침이 4칸을 뜁니다. 예를 들어 12에 있던 시침은 한 시간 후

점핑워치

에 5로 가는 듯하더니 5에 도착하자 즉시 4칸을 뛰어 1시를 가리킵니다. 1시로 간 시침은 한 시간 후 6에 도착하자마자 또 4칸을 뛰어 2로 갑니다. 시침이 점프를 한다고 하여 점핑워치라는 이름이 붙었습니다. 하여튼 이렇게 1시부터 12시까지 아무 이상 없이 시간을 알려줍니다.

이 시계의 아이디어는 서로소입니다. 시침이 4칸을 뛰지만, 한 시간이 지난 후에 뛰므로 사실은 5칸씩 뛰는 것입니다. 그리고 5와 12는 서로소 관계이기 때문에 12에서 출발한 시침은 모든 시간을 거르지 않고 한 번씩 거친 후에 다시 12로 돌아옵니다. 순서대로 쓰인 정상적인 시계는 한 시간에 한 칸씩 뛰고, 이 점핑워치는 한 시간에 5칸씩 뜁니다. 1과 12의 관계가 서로소인 것처럼 5와 12의 관계도 서로소라는 것이 공통점입니다.

12와 서로소인 수가 또 있으면 점핑워치를 다른 방법으로 만들 수도 있겠네요?

12에서 출발한 시침이 한 시간에 2칸씩 뛰면 6번 만에 다시 12로 돌아옵니다. 한 시간에 3칸씩 뛰면 4번 만에 돌아옵니다. 2, 3은 12와 서로소가 아니기 때문에 12개의 모든 점을 거치지 않고 반복합니다. 모든 점을 한 번씩 다 돌고 12시간 만에 제자리로 되돌아오려면 한 시간에 뛰는 칸 수가 12와 서로소인 관계를 이루어야 합니다. 1~12의 자연수 중 12와 서로소인 수는 1, 5, 7, 11 이렇게 4개입니다. 7칸씩 뛰는 시계와 11칸씩 뛰는 시계의 시판時版을 그려보지요.

참고로 『수학이 살아 있다』 국내편을 보면 동양의 음계와 서양의 음계를 비교한 내용이 있습니다. 서양에서 만들어진 피아노는 한 옥타브 안에 반음이 12개 있습니다. 시계의 12시간과 그 개수가 일치합니다.

동양의 음계를 만드는 원리 중에는 격팔상생법이 있습니다. '격팔'이라는 말은 12개 음을 기준으로 8번째 음이 계속 만들어지는 현상에 따라 붙은 이름입니다. 즉, 12율의 황종에서 8번째 임종이 처음 만들어지고, 임종에서 8번째인 태주가 만들어지고, 태주에서 8번째인 남려의 순서로 이어져 마지막 중려에 이릅니다. 이때 음높이가 낮은 쪽에서 높은 쪽으로 이동할 때는 음이 5도 높아지고 음높이가 높은 쪽에서 낮은 쪽으로 이동할 때는 음이 4도 낮아지는데, 이와 같이 위로 5도 높아지고 아래로 4도 낮아지는 관계가 서양의 음악과 똑같습니다.

동양의 음계를 만드는 원리, 격팔상생법

다음 그림은 이를 시계와 비교하여 만든 것입니다. 7칸을 뛰는 점 평워치와 숫자 배열이 같습니다.

| 매미는 수학을 안다 (초5) 약수와 배수

7년 기다린 그라운드의 매미, 짧게 울고 끝나진 않는다.

2006년 스포츠 신문의 기사 문구입니다. 당시 프로 축구팀 수원 삼성에는 국가 대표 이운재라는 엄청난 수문장(골키퍼)이 있었습니다. 그래서 박호진이라는 골키퍼는 그라운드에 설 기회가 별로 없었는데, 이운재 선수가 갑자기 다치는 바람에 박호진 선수가 드디어 그라운드에 서게 되었다는 소식을 알리는 기사였습니다. 그런데 '7년을 기다린 매미'가 무슨 뜻일까요? 어떤 문화권에서는 7이라는 수가 행운을 의미합니다. 일주일도 7일이고요. 이처럼 7을 가지고 여러 의미를 연상해볼 수 있겠습니다만, 수학에서는 다른 수로 나누어떨어지지 않는 소수라는 것이 핵심입니다. 이제 매미와의 관련성을 살펴보겠습니다. 1998년 미국 미주리주에는 출현 주기가 13년인 매미와 17년인 매미가 동시에 출현하여 떼죽음당하는 일이 벌어졌습니다. 먹을거리가 같은 두 종류의 매미가 동시에 출현하는 바람에 먹이가 부족했던 것입니다.

여기서 주목할 점은 두 종류의 매미의 출현 주기가 13년과 17년이라는 것입니다. 13과 17의 공통점은 소수라는 특성입니다. 미국 매미뿐만 아니라 우리나라에 서식하는 매미의 주기도 5년 또는 7년으로, 소수라는 공통점이 있습니다.

소수는 1과 자기 자신 외의 다른 수로는 나누어떨어지지 않습니다. 13년과 17년이 주기인 매미가 동시에 출현하는 주기는 두 수의 곱인 221년입니다. 그러니까 1998년 매미가 동시에 출현한 사건은 그로부터 221년 전인 1777년에도 일어났을 것입니다.

1998년으로부터 221년 후인 2219년에 다시 일어나겠네요.

그렇습니다. 그 사이에는 동시에 출현하지 않으니 먹이를 놓고 다툴 이유가 없습니다. 이처럼 매미들은 먹이 문제로 자연스레 주기가 소수인 경향을 띠게 되었고, 소수 주기가 아닌 매미들은 아마도 자연스럽게 멸종되어갔을 것입니다.

매미의 출현 주기가 소수인 또 다른 이유는 천적과 관계가 있습니다. 천적과 만날 확률을 줄이려면 소수 주기를 갖는 것이 유리합니다. 예를 들어 매미는 12년, 천적은 18년이 주기라면 이들이 동시에 만나는 주기는 12와 18의 최소공배수인 36년이 됩니다. 소수가 아니면 이와 같이 만나는 주기가 짧고 그만큼 생존 확률이 낮기 때문에 매미의 출현 주기가 소수로 변해갔을 것입니다.

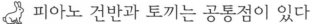 피아노 건반과 토끼는 공통점이 있다

| 수열을 거꾸로 더하는 기술 초3 곱셈과 나눗셈

다음 수의 합을 최대한 빨리 구하시오.

1+11+21+······+191 =?

이런 계산을 하려면 앞에서부터 차례로 더하거나 계산기를 열심히 누르는 수준에서 벗어나야 합니다. 시간이 흐르면 답이야 나오겠지만 손으로 더하는 과정에서 1~2개를 빼먹거나 계산기를 누를 때도 1~2개를 2번 누를 가능성이 있습니다. 더해야 하는 수가 총 20개나 되기 때문에 인간 집중력의 한계를 생각했을 때 빼먹거나 중복해서 더하는 사례가 일어날 가능성이 높습니다.

1, 11, 21, ······의 특징은 10씩 커진다는 점입니다. 이렇게 똑같은

차이를 보이는 수열을 등차수열이라고 합니다. 우리나라는 고등학교에 가야 등차수열이라는 용어를 사용하지만 다른 나라의 경우 등차수열과 같은 규칙을 갖는 수열을 초등학교나 중학교에서 다루는 경우가 많습니다. 그만큼 흥미롭고 재미난 규칙을 가졌습니다. 특히, 가우스라는 수학자가 어릴 때 1부터 100까지의 합을 순식간에 구해 선생님을 놀라게 한 사건은 유명하지요.

어떻게 풀었는데요?

1부터 100까지의 합은, 1+2+3+……+98+99+100이고, 순서를 뒤집어 다시 더하면, 100+99+98+……+3+2+1입니다. 이제 왼쪽부터 같은 차례에 있는 수끼리 더하면 모두 101입니다.

$$
\begin{array}{r}
1 + 2 + 3 + 4 + 5 + \cdots + 100 \\
+)\ 100+99+98+97+96+\cdots+1 \\
\hline
101+101+101+101+101+\cdots+101
\end{array}
$$

따라서 구하는 값은 101이 100쌍 있는 값을 모두 더했을 때 그 절반에 해당합니다.

모두 더하면,

$$101+101+101+……+101+101+101=101 \times 100=10,100$$

이고, 그 절반이므로 10,100을 2로 나누면 5,050입니다.

가우스의 계산 방법을 1+11+21+……+191의 계산에도 적용해보지요. 가우스의 방법대로 하면 1+191=192, 11+181=192, ……, 191+1=192입니다. 192가 20쌍 있고 그 합은 3,840이니까 1+11+21+……+191=1,920입니다.

가우스가 쓴 방법을 전혀 몰랐던 것은 아닌데, 문제를 봤을 때 그 방법은 생각하지 못했어요.

가우스의 방법은 일정한 차이, 즉 공차共差로 커가는 수열의 합을 더하는 것입니다. 그런데 이것을 1부터 100까지 자연수의 합을 구하는 방법으로만 받아들이는 사람이 있습니다. 이런 것을 절차적 학습 또는 도구적 학습이라고 합니다. 무조건적인 암기라고 할 수도 있습니다. 충분한 관계적 학습 또는 개념적 학습을 하지 않으면 응용력이 떨어지게 마련입니다.

상담을 하다 보면 부모님이 가끔 '우리 아이는 응용문제에 약하다, 응용 능력이 떨어지는 것 같다'고 합니다. 그런 말을 들으면, 응용 능력은 대부분 공부하는 습관에 달려 있다고 조언합니다. 즉, 가우스의 아이디어를 1부터 100까지 합을 구하는 기술로 보는 것이 아니라 일정한 간격으로 커가는 것들의 합을 구하는 방법으로 이해하지 않으면 1+11+21+……+191을 계산할 때 가우스의 방법을 사용하기 어렵습니다.

가우스의 아이디어를 제대로 이해했다면 1+11+21+……+191에서 10씩 일정하게 커가는 패턴을 발견하고 191+181+……+21+11+1과 같이 거꾸로 더하려는 시도를 했어야 합니다. 두 식에서 같은 차례에 있는 수끼리 더하면 192가 20개 있는 것이므로 192×20÷2로 계산하고, 그 결과는 1,920입니다.

가우스의 아이디어를 또 어디에 적용할 수 있을까요?

꼭 수를 더하는 상황에만 적용할 수 있는 것이 아닙니다. 다음 사다리에서 가로 막대 11개의 길이의 합을 구하는 상황을 생각해봅시다.

가로 막대에 대한 조건은 주어지지 않았지만 세로 막대가 곧은 직선 형태이므로 가로 막대가 일정하게 길어지는 패턴을 예측할 수 있습니다. 만약 일정하게 길어지지 않고 불규칙하게 길어진다면 주어지지 않은 길이의 합을 구하는 일은 무모할 뿐만 아니라 불가능할 것입니다. 그러므로 이 상황에서는 일정하게 커질 것이라고 가정합니다.

이런 가정을 하더라도 가우스의 아이디어를 적용하려는 시도는 쉽지 않습니다. 먼저 비율을 계산해야겠다고 생각하는 사람이 많을 것이고, 그래서 64에서 100까지 36의 차이를 일정한 비율로 쪼개면 3.6씩 커갈 것으로 생각할 수 있습니다. 이런 방식으로 중간에 있는 9개의 가로 막대 길이를 각각 구해보면,

67.6, 71.2, 74.8, 78.4, 82.0, 85.6, 89.2, 92.8, 96.4

이렇게 나옵니다. 여기까지 성공적으로 각각의 길이를 구한 결과를 더할 때, 모두 일일이 더하는 우를 범한다는 사실이 안타깝습니다. 기왕 학습한 김에 가우스의 아이디어를 적용하면 좋겠지요.

같은 문제를 보고 고수들은 중간에 있는 9개 막대의 길이를 일일이 구하지 않고도 전체 11개의 합을 구합니다. 일정하게 커지는 경우라면 수와 마찬가지로 길이의 합에도 가우스의 아이디어를 적용할 수 있기 때문입니다. 이제 사다리 하나를 더 만들어 거꾸로 붙입니다.

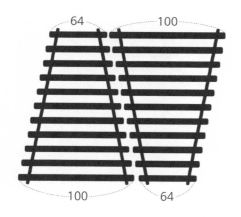

두 사다리를 합친 그림에서 가로 막대 11개의 길이는 모두 164입니다. 따라서 가로 막대의 길이의 합은 11×164÷2=902입니다.

문제를 하나 더 보지요. 어렸을 때 수수깡으로 다음 그림과 같은 삼

각형 모양의 물건을 만들어본 적이 있을 것입니다.

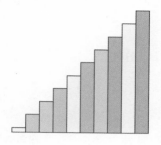

　어떤 물건을 만들 때는 필요한 재료를 적당히 사는 것이 중요합
니다. 그렇다면 이런 물건을 만들 때 필요한 수수깡의 길이는 얼마
일까요?

　이제 가우스의 아이디어를 적용해야겠다는 생각이 들면 성공한 것
입니다. 똑같은 모양의 물건을 뒤집어서 하나 더 붙이면 사각형이 되
고, 각 수수깡의 길이의 합이 똑같아지므로 곱셈으로 그 합을 구할 수
있을 것입니다.

| 자연에는 피보나치수열이 너무나 많아 　초4　규칙찾기

　『다빈치코드』라는 소설에 '13-3-2-21-1-1-8-5'와 같은 암호
문이 나옵니다. 이 수를 작은 수부터 순서대로 쓰면 1-1-2-3-5-8-
13-21이 됩니다. 앞의 두 수의 합이 그다음 수가 되는 규칙에 따라
만들어진 수의 열이지요.

　　　1+1=2, 1+2=3, 2+3=5, 3+5=8, 5+8=13, 8+13=21

　이러한 규칙을 따르는 수의 열을 피보나치수열이라고 부릅니다. 피

보나치수열은 암호문에만 나오는 것이 아니라 솔방울이나 해바라기 등 일상에서 마주치는 거의 모든 생물체에서 볼 수 있습니다.

생물체에 어떻게 수열이 있어요?

피보나치수열은 자연의 구조 속에서 자주 발견되는 흥미로운 수의 나열입니다. 솔방울을 보면 왼쪽으로는 8개의 열이 돌고 오른쪽으로는 13개의 열이 돕니다. 파인애플도 대부분 이런 구조를 가지고 있습니다. 해바라기 씨가 박힌 모양을 보면 시계 방향과 시계 반대 방향으로 도는 나선 구조를 발견할 수 있는데, 이 나선의 개수가 한쪽 방향이 21개이면 반대 방향은 34개 또는 55개인 경우가 대부분입니다.

  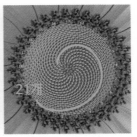

솔방울의 구조   해바라기 씨의 나선 구조

흔히 볼 수 있는 피아노의 건반에서도 피보나치수열을 볼 수 있습니다. 한 옥타브 안의 검은건반, 흰건반의 개수는 각각 5, 8입니다. 검은건반은 2개씩, 또 3개씩 붙어 있습니다. 모두 피보나치수열에 있는 수들입니다.

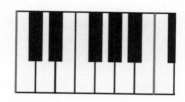

우리 주변에서 피보나치수열을 이루는 수들을 더 많이 찾을 수 있습니다. 찾는 영광은 여러분께 드리겠습니다.

피보나치는 자기 수열을 어떻게 설명했나요?

피보나치는 토끼의 번식과 관련된 재미있는 문제를 소개했습니다.

갓 태어난 토끼 한 쌍은 2개월 후부터 매달 새끼 토끼 한 쌍을 낳는다. 새로 태어난 토끼도 마찬가지다. 암수 새끼 토끼 한 쌍이 이런 방식으로 계속 번식한다고 하면, 1년 뒤에는 토끼가 모두 몇 쌍이 될까?

개월	처음	1개월 후	2개월 후	3개월 후	4개월 후	5개월 후	⋯
토끼							⋯
토끼 쌍의 수	1쌍	1쌍	2쌍	3쌍	5쌍	8쌍	⋯

이 상황을 표로 정리해보았습니다.

월	지금	1개월 후	2개월 후	3개월 후	4개월 후	…	10개월 후	11개월 후	12개월 후
태어난 쌍	0	0	1	1	2	…	34	55	89
전체 쌍	1	1	2	3	5	…	89	144	233

12개월 후에는 토끼가 모두 233쌍이 됩니다. 피보나치수열은 토끼의 성장뿐만 아니라 앵무조개의 성장 곡선에도 나타납니다. 앵무조개는 다른 조개와 달리 나선형으로 성장하는데, 나선의 길이 변화가 피보나치수열을 따릅니다.

앵무조개가 어떻게 성장하는지 볼까요? 한쪽만 확대한 것입니다.

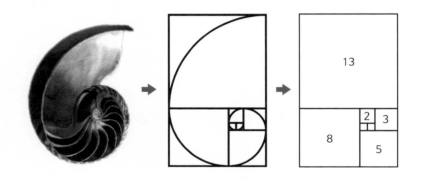

바닷가에 가면 손톱만 한 조개가 있지요? 조개껍질은 각질이기 때문에 자랄 수가 없어요. 자라는 것은 조개의 살입니다. 조개의 살이 자랄 때 껍질은 어떻게 넓어질까요? 조개는 기존의 껍질에서 넓은 쪽으로 새로운 껍질을 붙여나가는 방법을 사용합니다.

가운데 있는 처음 정사각형을 보세요. 정사각형은 사방이 다 똑같기 때문에 어느 한쪽으로 똑같은 크기의 정사각형 하나를 붙입니다.

이제 긴 쪽이 생겨나면 그쪽으로 더 큰 정사각형 모양의 집을 만들 수 있습니다. 이런 식으로 집을 키우는데, 여기서 조갯살은 나선형으로 커갑니다. 이것이 조개의 성장이지요.

처음 정사각형 한 변의 길이가 1입니다. 여기에 똑같은 크기의 정사각형이 붙은 다음에는 한 변의 길이가 2인 정사각형이 붙습니다. 그다음은 3입니다. 1, 1, 2, 3, 5, 8입니다. 계속 시계 방향으로 돌면서, 나선형으로 커갑니다. 이 조개를 앵무조개라고 해요. 피보나치 수와 같은 크기로 성장합니다.

| 가장 멋진 비율 황금비 (중2) 닮음 + (중3) 이차방정식

황금비는 특히 그림에서 가로와 세로의 가장 멋진 비율을 뜻합니다. 쉽게는 8:5로 표현할 수 있는데, 본래는 간단한 정수비가 아니라 무리수로 된 비 $\frac{1+\sqrt{5}}{2}$:1입니다. $\sqrt{5}$의 근삿값이 2.2 정도이므로 1.6:1이 되고, 양쪽에 5를 곱하면 8:5라는 간단한 정수비가 나옵니다.

황금비로 된 사각형은 그림은 물론 명함이나 신용카드 등에 사용되고 있습니다.

황금비의 본래 정의는 무엇인가요?

여러 가지 방법으로 정의定義할 수 있는데, 현재 사용되는 정의는 2,000년 전부터 전해오는 최초의 정의입니다. $\overline{AB}$ 위의 한 점 C에 대하여 $\overline{AB}:\overline{AC}=\overline{AC}:\overline{CB}$인 경우, 이런 분할을 황금 분할이라 하고

$\overline{AC}{:}\overline{CB}$를 황금비라 합니다.

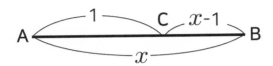

여기서 비례식을 만들면 $x{:}1 = 1{:}(x{-}1)$이므로 비례식의 성질을 이용하면 $x(x{-}1) = 1$이라는 등식이 나오고, 전개해서 정리하면 이차방정식 $x^2{-}x{-}1 = 0$이 나옵니다. 여기서 이차방정식의 근의 공식을 사용하면,

$$x = \frac{1 \pm \sqrt{5}}{2}$$

이고, x는 길이이므로 $x = \frac{1+\sqrt{5}}{2}$가 되면 황금비가 8:5로 계산되어 나옵니다.

캔버스로 옮겨보지요. 다음과 같이 가로와 세로의 길이의 비가 $x{:}1$인 직사각형에서 가로를 다시 황금비로 나누면 캔버스는 정사각형 하

나와 직사각형 하나로 분리됩니다. 화가들은 이 구도에 맞게 그림을 그립니다.

또한 피타고라스학파는 정오각형 안에서 계속 황금비가 만들어지는 것을 발견하고는 정오각형 별을 학파의 심벌마크로 삼았다고 합니다.

정오각형에 황금비가 있어요?

정오각형 ABCDE에 대각선을 모두 그리면 안쪽에 거꾸로 된 정오각형이 만들어집니다. 이 그림에서 길이가 다른 네 종류의 선분을 볼 수 있는데 놀랍게도 이들 사이가 모두 황금비를 이룬답니다. 즉, $\overline{AC}$:$\overline{AB}$, $\overline{AB}$:$\overline{BP}$, $\overline{BP}$:$\overline{PQ}$가 모두 8:5입니다.

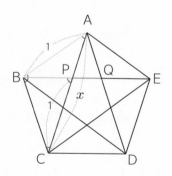

△BAC와 △PBA가 닮았으므로 $\overline{AC}$:$\overline{BC}$=$\overline{AB}$:$\overline{AP}$가 성립하고, 정오각형의 대각선의 길이를 x라 하면 x:1=1:(x-1)이므로 황금비의 정의에서 본 식과 똑같은 결과를 얻을 수 있습니다.

여기서 잠깐 피보나치수열을 다시 생각해보겠습니다. 피보나치수열의 인접한 두 수 사이의 비율을 구해보면 특이한 현상을 발견할 수 있거든요.

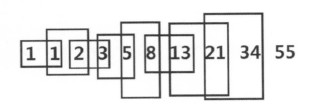

피보나치수열의 1부터 55까지의 수를 쓰고 계산기를 사용해 인접한 두 수 중 앞의 수에 대한 뒤의 수의 크기를 구해보세요. 즉, 뒤의 수를 앞의 수로 나누는 일을 반복합니다. 처음에는 1을 1로 나누고, 다음에는 2를 1로 나누고, 또 3을 2로 나누고, … 큰 수를 작은 수로 나누는 작업을 반복하여 쭉 기록합니다. 직접 계산하며 규칙을 발견하는 것이 의미가 있을 것입니다. 반올림하여 소수점 아래 세 자리 정도까지 써보세요.

1, 2, 1.5, 1.667, 1.6, 1.625, 1.615, 1.619, 1.618, ……

규칙이 보이나요? 수가 커졌다 작아졌다를 반복합니다. 그런데 갈수록 그 간격이 좁아지지요. 진동으로 보면, 진폭이 작아집니다.

1   2   1.5   1.667   1.6   1.625   1.615   1.619   1.618 ……
차이: 1   0.5   0.167   0.067   0.025   0.010   0.004   0.001 ……

이런 현상을 '수렴한다'고 합니다. 어느 한 지점을 향해 가는 것이에요. 그리고 그 가운데에 1.618이 있습니다. 이것이 바로 황금비입니다. 1.618을 놓고 양쪽으로 커졌다 작아졌다 하는 것입니다. 그 폭이 줄어드니까 나중에는 1.618에 접근합니다. 피보나치수열은 이런 식으로 결국 황금비에 수렴한다고 말할 수 있습니다.

피보나치수열과 황금비가 서로 관련이 있었네요.

그렇습니다. 둘의 관계를 수학적으로 정확하게 증명하려면 중학교 3학년은 되어야 하는데, 여러분도 중학 시절을 겪었지만 실제로 이차방정식을 막 배운 중학교 3학년 학생에게 시켜봐도 잘하지 못합니다. 고등학생에게도 쉽지 않습니다. 이차방정식을 주면 잘 풀겠지만, 피보나치수열에 흐르는 생각을 이차방정식으로 만드는 일은 창의적인 사고를 요하기 때문에 누구에게나 쉬운 것은 아닙니다. 하지만 이차방정식을 만들기만 하면 근을 구하는 일은 가능하다고 볼 수 있습니다.

피보나치수열은 연속한 두 수를 더한 수가 세 번째 수가 되는 것이 그 규칙입니다. 수학적인 증명은 몇 개의 예시로 완성되는 것이 아니라 일반적으로 항상 성립한다는 것을 보여주어야 하기 때문에 문자를 사용합니다. 연속한 세 수를 a, b, c로 놓고, 이들 사이에 성립하는 관계를 $a+b=c$라고 쓸 수 있습니다.

a에 대한 b의 크기는 $\frac{b}{a}$이고 b에 대한 c의 크기는 $\frac{c}{b}$이며 이 값들이 황금비에 수렴한다고 했으니 황금비를 x라 하면 $\frac{b}{a}=\frac{c}{b}=x$로 놓을 수 있습니

다. $a+b=c$의 양변을 b로 나누면 $\frac{a}{b}+1=\frac{c}{b}$이고, $\frac{b}{a}=\frac{c}{b}=x$이므로 $\frac{1}{x}+1=x$에서 $x^2-x-1=0$ 이 됩니다.

드디어 x에 관한 이차방정식이 나왔습니다. 그리고 이 식은 처음 황금비 설명에서 본 식입니다. 이제 근의 공식을 이용해 근을 구하면 $x=\frac{1\pm\sqrt{5}}{2}$로, 황금비가 나옵니다.

이로써 피보나치수열이 황금비에 수렴한다는 것이 증명되었습니다.

2부
수학으로
행간을 읽는다

$$\begin{cases} a_{11} & a_{12} \\ a_{21} & a_{22} \end{cases}$$

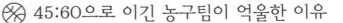

45:60으로 이긴 농구팀이 억울한 이유

| 훌륭한 야구 선수를 찾는 법 초6 비와비율

야구 경기에서 타자의 실력을 가늠하는 기준으로 타율이라는 것을 사용합니다. 중계방송에서는 타자가 공격하러 나올 때마다 아나운서나 해설자가 그 타자의 타율을 알려줍니다.

타율은 $(타율) = \dfrac{(안타 수)}{(타수)}$ 와 같이 계산한 것입니다. 타수란 타자가 공격하러 나온 횟수에서 희생 플라이, 희생 번트, 볼넷, 몸에 맞는 공, 타격 방해, 주루 방해 횟수를 뺀 나머지 횟수를 뜻합니다.

다음은 2019년 한국프로야구 정규 시즌에서 활약한 타자 5명에 대한 기록입니다.

타자 5명의 타수와 안타 수

선수	페르난데스	이정후	박민우	강백호	양의지
팀명	두산	키움	NC	KT	NC
타수	572	574	468	438	390
안타 수	197	193	161	147	138

최다 안타를 기록한 페르난데스 선수가 타율상을 탔나요?

　타율이 가장 높은 선수가 페르난데스 선수라고 생각했다면, 그건 안타 수만 보고 판단한 것이겠지요. 페르난데스 선수가 안타를 가장 많이 쳤으니까요. 그런데 타율은 안타 수만으로 결정되는 것이 아닙니다. 타수를 동시에 고려해야 합니다.

　2가지 수를 동시에 비교하는 것을 비율이라고 합니다. 비율의 정의를 좀 더 엄밀하게 말하면 기준량에 대한 비교하는 양의 크기이고, 그 계산은 $(비율) = \dfrac{(비교하는\ 양)}{(기준량)}$ 과 같이 합니다. 그러므로 타율은 $\dfrac{(안타\ 수)}{(타수)}$ 로 계산합니다.

　다시 선수들의 수치를 살펴봅시다. 양의지 선수는 페르난데스 선수보다 안타 수가 적지만 타수도 적습니다. 따라서 안타 수만으로 판단하기는 어렵습니다. 타수와 안타 수만 봐서는 누가 타율이 가장 높은지 바로 알아내기가 쉽지 않습니다. 그런데 중계방송을 들어보면 "이정후 선수는 574 타수 193 안타, 타율은 3할 3푼 6리입니다" 하고 선수의 타율을 소개합니다. 3할 3푼 6리는 소수로 0.336입니다. 이 타율은 어떻게 구한 것일까요?

타율의 정의를 이용하면 구할 수 있습니다. 즉, (타율)=$\dfrac{(안타\ 수)}{(타수)}$ 이므로 나눗셈을 이용하여 $\dfrac{193}{574}$≒0.336으로 구한 것입니다. 이런 방식으로 나눗셈을 하고 소수점 아래 넷째 자리에서 반올림하여 각 선수의 타율을 구해보았습니다.

타자 5명의 타율

타율	양의지	페르난데스	박민우	이정후	강백호
분수	$\dfrac{138}{390}$	$\dfrac{197}{572}$	$\dfrac{161}{468}$	$\dfrac{193}{574}$	$\dfrac{147}{438}$
소수 (반올림)	0.354	0.344	0.344	0.336	0.336

분수나 소수 모두 타율을 설명하고 있지만 분수로는 비교하는 것이 어렵다는 것을 알 수 있습니다. 비교하는 역할은 소수가 더 잘합니다.

소수의 크기는 소수점 아래 첫째 자리부터 비교합니다. 모두 3입니다. 그러면 둘째 자리를 비교합니다. 5가 가장 크지요. 양의지 선수입니다. 이 다섯 선수 중 양의지 선수의 타율이 가장 높습니다.

야구 선수의 타율은 소수로 나타내는 것이 편리함을 경험했습니다. 반면 일상생활에서는 분수가 더 편리한 때도 있습니다.

음악에서 박자를 나타낼 때는 $\dfrac{1}{4}$박자와 같이 분수로 나타내는 것이 편리합니다. 이것을 0.25박자라고 하면 이상하지요. 또한 요리 레시피에서 재료의 양과 같이 정해진 양을 일정하게 나눌 때는 소수보다 분수가 더 익숙하고 편리합니다.

| 약분은 만능이 아니다 초5 약분과 통분 + 중2 확률

474그루의 감귤 나무가 있는 농장에서 겨울에 감귤을 수확하고 있습니다. 부지런히 일해 158그루에서 감귤을 땄습니다. 어느 정도 수확했는지를 설명할 때, 약분하지 않고 $\frac{158}{474}$만큼 일했다 하면 틀린 것은 아니지만 듣는 사람에게 갑갑한 느낌을 줍니다. 분수 $\frac{158}{474}$이 다소 복잡한 느낌을 주기 때문입니다. 그런데 약분을 하니 간단히 $\frac{1}{3}$이 됩니다. 이제 $\frac{1}{3}$을 수확했으니 2배 더 하면 감귤 수확이 끝난다는 생각을 할 수 있습니다. 약분의 효과를 느낄 수 있지요?

약분을 꼭 해야겠네요?

다시 감귤 농장으로 가보겠습니다. 수확해야 하는 나무가 얼마나 남았을까요? 수확이 $\frac{1}{3}$ 끝났다는 정보는 일의 전체적인 윤곽을 파악하기에는 편리하지만 고유의 정보는 다 없애버리는 약점이 있습니다. $\frac{1}{3}$만큼 끝났으니 남은 일이 전체의 $\frac{2}{3}$라는 것을 알겠지만 구체적으로 몇 그루가 남았는지는 알 수 없게 되었으니 딱한 일입니다. 약분하지 않고 $\frac{158}{474}$을 끝냈다고 하면 다소 복잡하기는 해도 전체 감귤 나무의 수와 수확한 나무의 수에 관한 고유 정보가 그대로 남는데, 약분하여 간단하게 나타낸 $\frac{1}{3}$에서는 그것들이 사라집니다. 따라서 약분은 반드시 해야 한다기보다 전체에서 차지하는 비율을 쉽게 이해할 필요가 있을 때 할 수 있다는 정도로 정리하겠습니다.

그런데 학교 다닐 때는 답을 꼭 약분해서 쓰도록 배웠어요.

맞습니다. 그래서 지금도 $\frac{25}{100}$ 라는 분수를 보면 $\frac{1}{4}$ 로 고치고 싶은 충동을 느낍니다. 어떤 초등학교 선생님은 $\frac{25}{100}$ 라고 쓴 답을 틀린 것으로 채점하기도 했습니다. 약분은 반드시 해야 하는 것인데 약분을 하지 않았기 때문이고, 똑같은 점수를 주면 약분한 학생이 억울할 것이며, 약분을 배웠으면 약분을 하는 것이 맞기 때문이다, 또 약분하지 않은 것은 약분을 모르는 것이니 틀린 것이다 등의 이유였다고 합니다.

$\frac{25}{100}$ 와 $\frac{1}{4}$ 은 같은가요, 다른가요? 당연히 같습니다. 같은 것을 인정하면서 답으로서 틀렸다고 하는 것은 모순입니다. 약분은 반드시 해야 하는 의무 사항이 아닙니다. 간단히 표현하고 싶을 때 약분할 수 있습니다. 분모가 다른 두 분수를 더할 때는 통분이라는 과정을 통해 더 복잡한 분수를 만들기도 하는데, 항상 약분을 해야 한다고 주장하는 것은 일종의 고집일 뿐입니다.

물론, 문제에서 반드시 약분하라는 지시가 있으면 꼭 그렇게 해야 합니다. 또한 일반적으로는 $\frac{2}{4}$ 나 $\frac{3}{6}$ 이나 $\frac{4}{8}$ 보다 이것들을 모두 약분하여 $\frac{1}{2}$ 로 나타내는 것이 편리한 경우가 많습니다.

다음 예를 보겠습니다. 4명이 어떤 게임을 12번 했을 때 각각 이긴 경우는 다음과 같습니다.

사람	A	B	C	D	합계
경우의 수	2	6	1	3	12

4명이 각각 이길 확률을 구하려면 확률의 정의를 되새겨야 합니다. 각 경우가 일어날 가능성이 같다고 할 때, 전체 경우의 수에 대한 각 사람이 이긴 경우의 수의 비율을 각 사람이 이길 확률이라고 합니다. 그리고 이것을 계산식으로 나타내면 $\dfrac{(각\ 사람이\ 이긴\ 경우의\ 수)}{(전체\ 경우의\ 수)}$이고, 각각 확률을 구하면 다음과 같습니다.

사람	A	B	C	D	합계
확률	$\dfrac{2}{12}$	$\dfrac{6}{12}$	$\dfrac{1}{12}$	$\dfrac{3}{12}$	1

표에서 중요한 것은 확률의 총합이 항상 1이 된다는 것인데, 계산하면 알 수 있습니다. 그러나 설명을 요구하면 간단한 내용인데도 쉽지 않을 것입니다. 그리고 확률의 총합이 항상 1이 된다는 이 중요한 사실을 눈앞에 두고도 우리는 고민하고 있습니다. 확률을 나타낸 분수를 약분하지 않은 점이 거슬리기 때문입니다. 일단 약분을 해보겠습니다.

사람	A	B	C	D	합계
확률	$\dfrac{1}{6}$	$\dfrac{1}{2}$	$\dfrac{1}{12}$	$\dfrac{1}{4}$	1

간단하게 약분을 하면 마음이 편안해질 수는 있습니다. 그러나 이 표를 보면 네 사람의 확률의 총합이 1이 되는지 바로 확인할 수 없습니다. 실제로 덧셈을 하려니 $\dfrac{1}{6} + \dfrac{1}{2} + \dfrac{1}{12} + \dfrac{1}{4} = ?$ 이와 같이 분모가

모두 다르기 때문에 바로 더할 수 없고 통분을 해야 합니다. 통분하는 방법에는 여러 가지가 있지만 가장 많이 쓰는 쉬운 방법은 분모를 다 곱하는 것입니다.

최소공배수를 이용하는 방법이 더 간편하지 않을까요?

맞습니다. 하지만 최소공배수를 구하다 틀리기도 하고, 시간이 걸리는 문제점도 있어서 수가 조금 커지기는 하지만 아무 생각 없이 분모끼리 곱해 통분하는 방법도 많이 사용됩니다.

그런데 지금은 최소공배수가 12라는 것을 생각하는 편이 간편합니다. 네 분모를 모두 곱하는 방법은, 생각만 해도 아찔합니다. 576으로 통분해야 하니까요.

하여튼 이런 우여곡절 끝에 계산이 틀리지 않는다면 그 합이 1인 것을 확인할 수 있지만 계산 실수라도 하는 날이면 1이 되는 것을 확인하는 것도 쉽지 않습니다.

다시 약분하지 않은 처음 표로 가보겠습니다. 이들은 분모가 모두 12이므로 분자끼리만 더하면 됩니다. 2+6+1+3=12임을 보다 쉽게 계산할 수 있습니다.

이와 같이 분모를 그대로 두고 약분하지 않는 것이 더 유용한 경우도 있다는 것을 생각하면 약분이 필수라는 생각을 바꿀 수 있습니다. 아직도 고집 피우는 분들을 위해 약분을 해서는 안 되는 경우를 더 생각해보겠습니다.

분수와 비슷하게 약분하는 것에 '비'가 있습니다. 비의 전항과 후항에 0이 아닌 똑같은 수를 곱하거나 나누어도 그 비율이 같다는 성질이 있습니다.

그럼 45:60과 3:4는 같은 건가요?

적절한 예시입니다. 두 팀이 농구 시합을 했습니다. 스코어가 45:60입니다. 비의 전항과 후항에 0이 아닌 수를 곱하거나 나누어도 비가 같다는 성질을 이용해 전항과 후항을 각각 15로 나누면 비는 3:4로 바뀝니다. 이긴 팀으로서는 억울하기 이를 데 없습니다. 45:60이면 무려 15점 차이로 이긴 것인데, 3:4라고 하면 1점 차로 간신히 이긴 것이 됩니다.

비의 값은 분수, 즉 비율로 나타낼 수 있습니다. 비 45:60은 비율로 $\frac{45}{60}$입니다. 이것을 약분하여 $\frac{3}{4}$이라고 하면 역시 스코어 차이가 드러나지 않고 왜곡된 정보가 전달될 가능성이 있습니다.

비나 비율을 약분하면 안 되는 순간이 존재한다는 것을 생각하면 약분을 강요하는 것이 정상이라고 할 수는 없을 것입니다.

| 우산을 챙길까, 말까? (초3) 분수 + (중2) 확률

우리는 신문이나 인터넷 등에서 매일 날씨 예보를 볼 수 있습니다. 일기 예보를 보면 각 지역마다 비가 올 확률이 제각각이지요. 어느 지역은 60퍼센트인데, 또 다른 지역은 30퍼센트입니다. 같은 지역이

토 7.8.	🌧 60%	🌧 60%	**23°** / **26°**
일 7.9.	🌧 60%	⛅ 30%	**23°** / **27°**
월 7.10.	⛅ 30%	⛅ 30%	**23°** / **27°**

라도 시간마다 다릅니다. 하루 중 적당한 시간 간격으로 비가 올 확률을 예상하는데 언제는 0퍼센트였다가 10퍼센트, 20퍼센트로 점점 올라가기도 합니다.

일기 예보에서 비가 오는 경우와 오지 않는 경우만 생각하면 비가 올 확률은 $\frac{1}{2}$이지요?

많은 사람이 그런 생각을 해본 적 있을 것입니다. 내일 비가 올 것인가, 오지 않을 것인가, 2가지 경우가 있고, 비가 오는 경우는 둘 중 하나이므로 그 확률은 $\frac{1}{2}$이라는 주장 앞에 반론을 제기하는 것은 쉽지 않습니다. 심정적으로는 아니라고 생각하지만 똑 부러지게 설명하는 것이 어렵습니다.

수학이 논리적인 이유는 모든 것을 항상 정의定義하고 그것을 근거로 설명하기 때문입니다. 그러므로 이런 설명에서 가장 필요한 근거는 확률의 정의입니다. 다음은 교과서에 나오는 확률의 정의입니다.

어떤 실험이나 관찰에서 각 경우가 일어날 가능성이 같다고 할 때, 일어나는 모든 경우의 수를 n, 어떤 사건 A가 일어나는 경우의 수를 a라고 하면 사건 A가 일어날 확률 p는 다음과 같다.

$$p = \frac{(\text{사건 } A \text{가 일어나는 경우의 수})}{(\text{일어나는 모든 경우의 수})} = \frac{a}{n}$$

비가 올 확률이 $\frac{1}{2}$이라는 것은 확률의 정의 중 마지막 공식에만 의존한 생각입니다. 일어나는 모든 경우의 수가 2, 비가 오는 경우의 수가 1이라고 생각한 것입니다. 그리고 이런 주장에 반론을 제기하지 못하는 사람도 확률을 그 정도로 이해하고 있는 것입니다. 그러나 확률의 정의에서 가장 중요한 부분은 첫 줄에 나오는 "각 경우가 일어날 가능성이 같다고 할 때"입니다. 분모에 해당하는 일어나는 모든 경우 각각이 일어날 가능성이 같아야 합니다. 내일 비가 오거나 안 올 가능성은 같지 않습니다. 그래서 일어나는 모든 경우의 수가 2라는 것은 정의에 어긋납니다. 이것으로 비가 올 확률이 항상 $\frac{1}{2}$이라는 주장에 모순이 있음을 지적할 수 있습니다.

확률의 정의에, 각 경우가 일어날 가능성이 같다고 하는 조건이 왜 필요한가요?

그것은 확률이 분수로 나타나기 때문입니다. 수학은 그 특성상 모든 원칙에 일관성이 있어야 합니다. 확률을 분수로 나타낸다는 것은 분수의 정의가 확률에도 적용된다는 뜻입니다. 그런데 분수 $\frac{1}{2}$의 뜻을 정확히 아는 사람은 많지 않습니다. 보통은 '전체를 2개로 나눈 것 중 하나'라고 말하지만 엄격하게 말하면 잘못된 표현입니다. $\frac{1}{2}$ 의 정의는 '전체를 똑같이 2개로 나눈 것 중 하나'입니다. '똑같이'라는 당연한 조건이 확률에까지 영향을 미치는 것은 확률이 분수로 표현되기 때문입니다.

분수는 초등학교 3학년에서 배우는 아주 쉬운 개념으로 생각되고, 확률은 중학교 2학년 이상 고등학교에서 배우는 어려운 개념으로 생각되기 때문에 이들 사이의 연관성을 인식하는 사람이 드뭅니다. 즉, 확률을 계산할 때 분수의 정의를 고민하지 않는다는 뜻입니다. 이런 결과가 고등학생들에게 어떤 영향을 주는지 다음의 2005년 수능 기출 문제를 통해 생각해보겠습니다.

29. 주사위 2개를 동시에 던질 때, 한 눈이 다른 눈의 배수가 될 확률은?

① $\frac{7}{18}$ ② $\frac{1}{2}$ ③ $\frac{11}{18}$ ④ $\frac{13}{18}$ ⑤ $\frac{5}{6}$

주사위 2개를 던지는 문제는 중학교 교과서는 물론이고 고등학교 교과서에서도 기본적으로 주어지는 아주 흔한 문제입니다. 여러분도 다음 내용을 보기 전에 잠시 시간을 내서 이 문제를 풀어보면 좋겠습니다. 시행착오보다 더 좋은 경험은 없습니다. 참고로 이 문제의 정답률은 30퍼센트였습니다.

무지 어려운 문제였네요.

이 문제가 주목을 받은 이유는 최소 20퍼센트는 찍어도 맞는 오지선다형 시험에서 정답률이 30퍼센트밖에 되지 않는 아주 어려운 문제였기 때문입니다. 그런데 주사위 2개를 던지는 문제가 그렇게 어려울 이유는 전혀 없습니다. 이 문제도 아주 평범합니다. 그렇지만 어느 한 오답에 60퍼센트가 몰렸습니다. 그러므로 이 문제를 이해하지 못한 학생은 10퍼센트에 불과했다고 볼 수 있습니다. 아주 쉬운 문제였던 것입니다. 그렇다면 이 문제를 90퍼센트가 해결했지만 마지막에 어떤 오개념으로 인해 60퍼센트가 오답을 택하고 30퍼센트만이 정답을 택했다는 결론을 내릴 수 있습니다.

이제 문제를 풀어보겠습니다. 먼저 전체 경우의 수를 계산합니다. 주사위 하나를 던지면 6가지 경우의 수가 나오므로 주사위 2개를 던지면 $6 \times 6 = 36$(가지)이 나옵니다. 36을 구하는 계산은 아주 간단하지만 6과 6을 곱하는 이유를 설명하는 것은 그리 간단한 일이 아닙니다. 이 부분이 대단히 중요한 과정인데 대부분은 따지지 않고 습관적으로 넘어갑니다.

곱하는 이유는 이렇게 설명 가능합니다. A 주사위가 1일 때 B 주사위는 1~6의 6가지가 나올 수 있고, A 주사위가 2일 때 역시 B 주사위가 6가지 나올 수 있습니다. 이와 같이 A 주사위의 수 각각에 대하여 B 주사위가 항상 6가지씩 나올 수 있으므로 총 경우의 수는 $6+6+6+6+6+6=6 \times 6$이 되는 것이지요.

36가지라는 전체 경우의 수는 구했고, 문제에서 구하는 조건인 '한 눈이 다른 눈의 배수가 되는 경우'에 대한 고민에 집중합니다. 다음과 같이 경우를 나눠서 생각하면 빠짐없이 구할 수 있습니다.

　　하나가 1일 때 다른 하나는 1, 2, 3, 4, 5, 6

　　하나가 2일 때 다른 하나는 2, 4, 6

　　하나가 3일 때 다른 하나는 3, 6

　　하나가 4일 때 다른 하나는 4

　　하나가 5일 때 다른 하나는 5

　　하나가 6일 때 다른 하나는 6

　　이렇게 생각하면 14가지가 나오므로 구하는 확률은 $\frac{14}{36}=\frac{7}{18}$, 즉 ①이 답입니다.

　　이번에는 다른 풀이를 보겠습니다.

　　하나가 1일 때 다른 하나는 1, 2, 3, 4, 5, 6

　　하나가 2일 때 다른 하나는 1, 2, 4, 6

　　하나가 3일 때 다른 하나는 1, 3, 6

　　하나가 4일 때 다른 하나는 1, 2, 4

　　하나가 5일 때 다른 하나는 1, 5

　　하나가 6일 때 다른 하나는 1, 2, 3, 6

이렇게 생각하면 22가지가 나오므로 구하는 확률은 $\frac{22}{36} = \frac{11}{18}$, 즉 ③
이 답입니다.

두 풀이의 차이는 다음과 같습니다. 예를 들어 어느 하나가 1일 때 다른 하나가 2인 경우와 어느 하나가 2일 때 다른 하나가 1인 경우를 똑같은 한 가지로 볼 것인가, 별개로 볼 것인가 하는 것입니다. 즉, (1, 2)와 (2, 1)을 같다고 보면 ①이 정답이고, 다르다고 보면 ③이 정답입니다. ①을 선택한 학생이 60퍼센트, ③을 선택한 학생이 30퍼센트였습니다.

(1, 2)와 (2, 1)은 별개입니다.

우리나라 학생들은 학교에서 확률을 배웠으면서도 주사위 2개를 던지는 이런 상황에서 (1, 2)와 (2, 1)을 한 가지로 셀 것인가, 2가지로 셀 것인가 고민하고, 상당수가 한 가지를 택합니다. 교과서에서는 항상 2가지로 세는데 왜 시험을 보면 한 가지로 취급할까요?

이런 상황은 조금 어려운 확률 문제에서 더욱 많이 나타납니다. 우리나라 학생들이 가장 힘들어하는 영역이 아마 확률일 것입니다. 실제로 가르치는 선생님들도 확률 가르치는 것을 가장 꺼립니다. 왜냐하면 이런 헷갈리는 개념이 자주 발생하기 때문입니다.

가장 중요한 핵심은 초등학교 3학년에 배우는 분수의 정의에 있습니다. 분수에서 가장 중요한 것은 분모입니다. 분모는 전체를 똑같이 그 분모의 수만큼 쪼개는 상황을 강조합니다. $\frac{1}{3}$은 전체를 똑같이 3개로 쪼갠 것 중 하나입니다. 확률의 정의에서 보면, 분모에 해당하는 것이 전체 경우의 수입니다. '각 경우가 일어날 가능성이 같다고 할 때'라는 중요한 전제 조건이 제시됩니다. 이는 분수의 정의와 일관된 조건으로, 확률을 분수로 나타내는 이유가 됩니다.

그렇다면 확률을 따질 때도 분모가 핵심인가요?

분수에서 분모가 가지는 조건이 중요했듯이 확률에서도 분모에 해당하는 전체 경우의 수가 가진 중요한 전제 조건을 확인하는 일이 가장 우선시되어야 합니다. 우리 교육에는 이 부분이 부족하다는 증거가 수능 기출 문제의 정답률에 나타나 있습니다.

주사위 2개를 던질 때 전체 경우의 수를 간단하게 곱셈으로 $6 \times 6 = 36$ 이렇게 끝낼 것이 아니라 36가지 각각이 나올 가능성이 똑같은지를 확인하는 작업이 꼭 이루어져야 합니다. 방법은 다양하겠지만 가장 보편적인 방법은 36가지를 모두 나타내보는 것입니다. 수형도로 나타낼 수도 있지만 주사위는 다음과 같이 순서쌍으로 나타내는 방법을 많이 사용합니다.

(1, 1), (1, 2), (1, 3), (1, 4), (1, 5), (1, 6),
(2, 1), (2, 2), (2, 3), (2, 4), (2, 5), (2, 6),
(3, 1), (3, 2), (3, 3), (3, 4), (3, 5), (3, 6),
(4, 1), (4, 2), (4, 3), (4, 4), (4, 5), (4, 6),
(5, 1), (5, 2), (5, 3), (5, 4), (5, 5), (5, 6),
(6, 1), (6, 2), (6, 3), (6, 4), (6, 5), (6, 6)

우선 확인할 것은 이들 각각이 똑같은 가능성을 갖고 있는가 하는 것입니다. 36가지이므로 이들 각각이 나올 확률이 $\frac{1}{36}$로 똑같은지 확인합니다. 모든 경우가 각각 $\frac{1}{36}$의 가능성을 갖는지 확인하는 과정을 거치면 해당 사건의 경우의 수를 구할 때 헷갈리지 않고, 오답 쪽으로 가지 않을 수 있습니다.

실제로 수능에서 60퍼센트는 (1, 2)와 (2, 1)을 하나로 봤습니다. 그런데 이미 36개를 순서쌍으로 나타낼 때 이 둘을 별개로 세었기 때문에 36가지가 나온 것이므로 이 둘은 결코 같을 수 없습니다. 우리는 이 둘을 하나로 보지 않고 별개로 보는 30퍼센트에 속해야 합니다. 이로써 확률의 정의에 대한 이해가 얼마나 중요한지 이해할 수 있을 것입니다.

📹 숫자가 나를 속인다

| 신호등의 수수께끼 <u>초3</u> 곱셈과 나눗셈

횡단보도 신호가 빨간색과 초록색 2가지만 있던 과거에 비해 몇 년 전부터 보조 신호등이 늘어나고 있습니다. 보조 신호등은 2가지 형태로 나타나는데, 처음 시도되었던 것은 도형형(역삼각형) 표시기였습니다. 역삼각형이 세로로 배열된 표시기에는 삼각형이 몇 개 있을까요? 세어보면 9개임을 알 수 있습니다.

삼각형의 개수는 모든 신호등이 같은가요?

그렇습니다. 그러나 모든 신호등이 깜박거리는 시간이 같은 것은 아닙니다. 일반적으로는 3초마다 삼각형이 하나씩 꺼지므로 9개의 삼각형이 모두 꺼질 때까지 걸리는 시간은 27초입니다. 하지만 폭이 넓은 도로에 설치된 신호등은 35~40초 동안 신호가 깜박거립니다. 길이 넓은 만큼 건너는 데 시간이 더 많이 걸리므로 이를 반영해 삼각형이 더 천천히 꺼지도록 한 것입니다. 반대로 좁은 도로에서는 이보다 훨씬 빠른 10~15초 만에 신호가 바뀌기도 하는데, 이때도 표시된 삼각형의 개수는 똑같이 9개이므로 주의해서 건너야 합니다.

도형형 보조 신호등   숫자형 보조 신호등

그런데 최근 들어 도형형 보조 신호등이 잔여 시간 숫자 표시 신호등으로 바뀌는 추세입니다. 담당 공무원에 따르면, 숫자형은 초록색 등이 빨간색 등으로 바뀔 때까지 남은 시간을 초 단위 숫자로 표시하므로 남은 시간을 더 정확히 알려주고 노약자나 장애인, 어린이 등 교통 약자의 안전성을 높일 수 있다고 합니다.

본래 횡단보도 신호등이 깜박이는 것은 아직 횡단보도에 진입하지 않았다면 안전하게 다음 신호를 기다리라는 뜻입니다. 그러나 다급한 경우, 그냥 건너는 사람이 많지요. 횡단보도 신호등이 깜박이는 동안에는 차량보다 보행자가 우선이므로 횡단보도 신호등이 깜박일 때 건너더라도 불법은 아니에요. 혹시 사고가 나면 보상을 받을 수도 있습니다. 하지만 이때 남은 시간을 알면 횡단보도를 건너기 전에 신속하게 고민하여 판단할 수 있습니다. 다소의 차이는 있지만 각 도로 차선 사이의 폭은 보통 3미터 내외이고, 사람이 걷는 평균 속력을 초당 1미터 정도라고 보면, 왕복 4차로 도로의 폭은 12미터, 횡단보도를 건너는 데 필요한 시간은 12초 정도입니다.

| 환전은 하면 할수록 손해 초6 비와비율

해외로 여행을 떠나려면 방문하는 나라의 화폐를 준비해야 합니다. 인터넷에서 매일의 환율을 알아볼 수 있습니다. 한 나라의 화폐와 외국 화폐와의 교환 비율을 환율이라고 합니다. 2019년 11월 20일을 기준으로 미국 달러화의 매매기준율은 1,169.8원입니다.

통화 표시	통화명	매매 기준율	현찰	
			사실 때	파실 때
USD	미국 달러	1,169.80	1,190.27	1,149.33
JPY	일본 100엔	1,078.43	1,097.30	1,059.56
EUR	유럽연합 유로	1,295.55	1,321.07	1,270.03
GBP	영국 파운드	1,510.21	1,539.96	1,480.46

매매기준율을 보고 환전하러 갔는데, 돈을 더 내야 했어요.

은행에 가서 환전을 하면 매매기준율인 1,169.8원에 1달러를 교환할 수 없습니다. 1달러를 현금으로 사려면 1,190.27원을 내야 합니다. 환율에는 매매기준율이라는 것이 있고 현찰로 살 때의 환율과 팔 때의 환율이 따로 있습니다. 이날 현찰로 팔 때의 환율은 1,149.33원이었습니다.

환율이 다소 복잡하지요. 3가지 환율을 볼 수 있습니다. 현찰로 살 때의 환율은 한국 원화를 가지고 은행에서 외국 화폐를 살 때의 교환 비율입니다. 반대로 현찰로 팔 때의 환율은 외국 화폐를 한국 원화로 바꿀 때의 교환 비율입니다. 매매기준율은 살 때의 환율과 팔 때의 환율의 평균입니다. 2019년 11월 20일 미국 달러화를 예로 들어 계산하면 (1,190.27+1,149.33)÷2=1,169.80(원)입니다. 정확하네요.

환전은 하면 할수록 손해라는 얘기가 있던데요?

맞습니다. 미국으로 여행하기 위해 100만 원을 환전하면 840.14 달러를 받을 수 있습니다. 그런데 여행이 취소되어 즉시 한국 원화로 다시 바꾸면 96만 5,600원을 받습니다. 환전을 2번 하는 사이에 3만 4,400원이 사라집니다. 이 돈은 은행의 환전 수수료라고 보면 됩니다. 이러니 환전은 하면 할수록 손해라는 얘기가 나온 것입니다. 그러므로 가급적 쓸 만큼만 최대한 정확하게 환전할 필요가 있습니다. 특히 동전은 국내에서 환전할 수 없으니 귀국할 때 최대한 동전 위주로 사용하고 지폐를 남겨 오는 지혜가 필요합니다.

또 최근 인터넷이 발달하면서 해외 직구를 많이 하는데, 이때 대금 결제를 원화로 할지, 현지 화폐로 할지 잘 선택할 필요가 있습니다. 해외여행에서 카드 결제를 할 때도 2가지 중에서 잘 선택해야 합니다. 잘못하면 손해를 볼 수 있습니다.

원화나 현지 화폐, 어떤 것으로 하든 상관없는 줄 알았어요.

한국소비자원에 따르면 해외 현지와 해외 사이트에서 신용카드로 물품이나 서비스를 구매할 때 자국통화결제 서비스를 이용해 원화로 결제할 경우(해외에서 신용카드를 사용할 때 거래 금액을 신용카드 발행 국가의 통화로 표시하여 결제할 수 있다), 미국 달러나 현지 화폐로 결제하면 부담하지 않아도 되는 수수료가 청구되므로 신용카드 결제 시에 유의해야 한다고 합니다.

원화결제 서비스라고 하면 소비자 편의를 위해 제공되는 '공짜' 서비스로 여겨지기도 하는데, 이를 이용하면 해외에서 결제한 금액이 원화로 얼마인지 쉽게 알 수 있다는 장점이 있지만, 현지 화폐에서 원화로 환전되는 과정에 추가 수수료가 발생하므로 소비자에게 손해가 발생하는 단점이 있습니다.

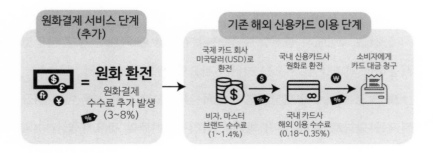

원화결제 서비스 이용 시 신용카드 해외 결제 과정을 나타내는 그림입니다. 앞부분이 원화결제 서비스를 이용했을 때 추가되는 단계입니다. 핵심은 환전입니다. 환전은 하면 할수록 손해라는 공식이 여기서도 통합니다. 환전 자체가 유료 서비스이므로 가급적 환전을 줄여야 절약할 수 있습니다.

해외 직구 결제 시에도 물품이나 서비스 가격이 원화로 표시된다면 원화결제를 의심해야 합니다. 그리고 결제 통화를 변경할 수 있는 옵션을 찾아 현지 통화로 바꾸어 결제하면 수수료 부담을 줄일 수 있습니다.

| 어떤 주스가 가장 진할까? 초6 비와비율

4개의 컵에 오렌지 분말과 물을 섞어 오렌지 주스를 만들고 각자 먹고 싶은 것을 고르도록 했습니다. 사람마다 입맛과 취향이 다르니 각자 어느 것을 고를 것인지 궁금합니다. 중학생 정도면 어떤 것을 고를까요?

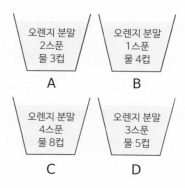

실제로 중학교 1학년 학생에게 실험을 해봤습니다. 입맛이나 취향을 조사한 것은 아니고, 가장 진한 주스를 고르도록 했지요. 가장 진한 주스로 A를 고른 학생이 가장 많았습니다. A를 선택한 아이들에게 이유를 물었습니다. 제가 예상한 답변은 A의 오렌지 분말과 물의 비율이 2:3, 즉 $\frac{2}{3}$이므로 비율이 $\frac{1}{4}$인 B나 $\frac{4}{8}$인 C, $\frac{3}{5}$인 D보다 A가 진하다는 설명이었습니다. 그런데 현장에서는 2가 3에 가깝기 때문에, 즉 A에는 분말이 2, 물이 3 들었으니 그 차이가 1밖에 되지 않는다는 한 학생의 대답에 상당수가 동의를 했습니다. A에 비해 B는 분말과 물 사이에 3만큼 차이가 나고, C는 4만큼 차이가 나고, D는 2만큼 차이가 나기 때문에 A가 가장 진하다는 논리였습니다.

여기에 다른 학생이 추가하기를, 만약 각 컵에 분말을 1스푼씩 모두 더하면 A는 분말과 물이 같아지지만 다른 컵은 분말이 물보다 적기 때문에 A컵이 확실히 가장 진하다고 설명했습니다.

어, 여기서 뺄셈을 하는 것이 이상한데요. 맞는 설명인가요?

그럴 리가요. 농도는 비율, 즉 나눗셈의 개념인데 분자와 분모 사이의 차이를 구한 것은 뺄셈 개념이지요. 전혀 맞지 않습니다. 차이가 작기 때문에 주스가 진하다는 논리는 맞지 않습니다. 그렇지만 답은 맞았기 때문에 다른 학생들도 동의해주었을 가능성이 있습니다. 그런데 상황을 좀 바꾸면 정말 이상한 결과가 나올 수 있습니다.

만약 오렌지 분말 6스푼과 물 8컵을 섞은 새로운 컵(E)이 있다고 할 때, A와 E 중 어느 쪽이 더 진할까요? 농도를 구하면 A는 $\frac{2}{3}$이고, E는 $\frac{6}{8}$입니다. E가 더 진하지요. 그런데 차이를 구하는 논리를 적용하면 여전히 A가 가장 진하다는 결론이 나옵니다. 두 컵 각각에 분말을 1스푼씩 더하면 A는 분말과 물이 같아지지만 E는 분말이 물보다 적기 때문이지요.

이 실험을 통해 학생들에게 농도, 즉 비율에 대한 개념이 많이 부족하다는 것을 느꼈습니다. 비율을 생각해야 하는 상황에서 뺄셈을 한다는 것은 두 수 사이의 관계를 비율로 파악하지 않고 차이로 생각한다는 것입니다. 그런데 이런 오류는 일상에서도 흔하게 일어납니다.

예를 들면, 과장과 사원의 월급이 작년에 각각 300만 원, 200만 원이었습니다. 회사에서 올해 똑같은 비율로 월급을 인상하겠다고 약속했는데 과장과 사원에게 각각 321만 원, 214만 원의 월급이 지급되었습니다. 과연 똑같은 비율로 인상되었나요?

과장과 사원의 인상된 금액은 각각 21만 원, 14만 원으로 7만 원의 차이가 납니다. 그래서 사원 입장에서는 회사가 약속을 지키지 않았다고 주장할 수 있지만 비율로 따지면 두 사람 모두 7퍼센트 인상된 것입니다. 회사가 약속을 지킨 것이지요.

이런 현상은, 조금 더 전문적으로 얘기해서 등식의 성질과 분수의 성질을 착각하는 데서 비롯됩니다. 등식의 성질은 서로 같은 두 수 a, b에 각각 어떤 수 c를 더하거나 빼도 그 결과는 같다는 것입니다. 식으로 쓰면, $a=b$이면 $a+c=b+c$ 또는 $a-c=b-c$도 성립한다는 것입니다.

한편, 분수 $\frac{a}{b}$ 의 분자와 분모에 같은 수를 더하거나 뺀 결과는 이 분수와 같지 않습니다. 즉, $\frac{a}{b} = \frac{a+c}{b+c}$ 와 $\frac{a}{b} = \frac{a-c}{b-c}$ 는 둘 다 성립하지 않습니다. 그러므로 비율 계산이 필요한 순간에 덧셈이나 뺄셈을 생각하는 모순을 범하지 않도록 주의해야 합니다.

| 중복 할인, 정말 중복 할인일까? 초6 비와비율

인터넷이나 신문 등에서 중복 할인 광고를 본 적이 있을 것입니다.

오늘 아침에도 10퍼센트 할인에 또 10퍼센트를 추가 할인해준다는 식당 광고를 봤어요. 그럼 20퍼센트 할인인가요?

그렇게 그냥 덧셈을 하면 낭패를 볼 수 있습니다.

다음 광고를 보면, 첫째 줄에 '10%+10%' 할인이라고 되어 있는데 둘째 줄을 보면 총 19퍼센트 중복 할인이라고 나옵니다. 착한 설명입니다. 10%+10%는 20퍼센트가 아니라 19퍼센트라는 것을 스스로 밝히고 있으니까요. 10%+10%인데, 왜 20퍼센트가 아닐까요?

[편의점 꿀팁] 쓱페이 10%+KT 10%

총 19% 중복 할인으로 편의점 최저가에 사자

10퍼센트를 할인하면 가격이 떨어지고, 이 떨어진 가격에서 다시 할인하기 때문입니다. 이미 가격이 내려간 상태에서 두 번째 10퍼센트 할인을 하게 되므로 할인 금액이 줄어드는 것입니다.

구체적인 숫자로 볼까요? 처음 금액을 100원으로 잡고, 여기서 10퍼센트를 할인하면 10원이 줄어 90원이 됩니다. 이 90원에서 10퍼센트를 할인하면 9원이 줄어드니까 81원이 됩니다. 처음 100원으로부터 계산하면 19원이 줄어든 셈입니다. 19퍼센트가 할인된 것이지요.

어떤 블로그에서 다음과 같은 예시를 봤습니다.

120,000원 결제 → 할인액 12,000원, 결제액 108,000원 → 적립금 10,800원

아, 12만 원을 결제하는데 10퍼센트에 해당하는 1만 2,000원을 할인 받으면 결제액은 10만 8,000원이고, 여기서 다시 10퍼센트를 적립해 주니까 적립금은 결제액 10만 8,000원의 10퍼센트인 1만 800원이라는 얘기인가 봐요.

맞습니다. 이 내용을 이해했으니 이제는 다음과 같은 광고를 보고 설마 50퍼센트를 할인받는다고 생각하지는 않겠지요.

반값 혜택의 비밀을 확인하세요.
TV+스마트폰=30%+20%

30퍼센트를 할인받고 20퍼센트를 추가로 할인받으면 2가지 할인을 더해서 50퍼센트가 할인되는 것으로 생각할 수 있습니다. 계산하

기 쉽게 가격을 5만 원이라 생각하고 계산해봅시다. 먼저 30퍼센트인 1만 5,000원을 할인받으니 3만 5,000원이 됩니다. 이때 추가로 20퍼센트 할인을 받는 것은 3만 5,000원의 20퍼센트인 7,000원을 할인받는 것이므로 2만 8,000원이 됩니다. 5만 원짜리가 2만 8,000원이 되었으니 2만 2,000원을 할인받은 것이지요. 그러나 5만 원의 50퍼센트는 2만 2,000원이 아니라 2만 5,000원입니다. 계산이 잘못된 것이 아니라 50퍼센트를 할인받는다고 생각한 것이 착각입니다.

30퍼센트를 할인받으면 70퍼센트가 남고, 20퍼센트 추가 할인의 대상은 처음 가격이 아니라 이미 할인된 가격인 70퍼센트이므로 14퍼센트가 추가 할인되어 결국 44퍼센트인 2만 2,000원 할인이 맞습니다.

| 어느 가게가 더 쌀까? 초6 비와 비율

시장에 갔더니 똑같은 가격의 물건을 A가게에서는 x퍼센트 올렸다 다시 x퍼센트 내렸고, B가게에서는 x퍼센트 내렸다 다시 x퍼센트 올렸습니다. 이 상황에서 여러 가지 궁금한 것이 생기지요.

네, 맞아요. 저는 최종 가격이 어느 가게가 더 싼지 궁금해요.

많은 사람이 어디가 최종 가격이 더 싼지, 그리고 최종 가격이 처음 가격과 어떤 관계가 있는지를 궁금해합니다.

그리고 A가게의 가격이 더 쌀 것으로 예측하는 사람이 많습니다.

처음에 금액이 올라가 물건 값이 비싸진 상태에서 x퍼센트만큼 내렸으니 많이 내려갔다고 생각하는 것입니다. 한편, B가게는 처음 금액에서 x퍼센트만큼 내렸다가 다시 올렸으니 최종 가격이 A가게보다 더 비쌀 것으로 생각하지요.

결론을 말씀드리면 최종 가격은 똑같습니다. A가게에서 가격을 내릴 때 가격이 많이 떨어지는 것은 맞지만, B가게에서 나중에 가격을 올리기 때문에 B가게의 물건이 더 비쌀 것이라는 생각은 잘못된 추측일 수 있습니다. 즉, A가게를 먼저 계산함으로써 가격이 많이 떨어졌다고 생각하게 된 상태에서 B가게를 비교하면, B가게의 물건값은 이보다 조금 떨어지기 때문에 더 많이 올라갈 것이라고 착각하게 되는 것입니다.

두 번째 물음에 대해서도 이와 같이 착각하는 사람들은 A가게 물건값은 처음보다 쌀 것이고 B가게 물건값은 처음보다 비쌀 것이라고 생각하는 경향이 있습니다. A가게는 인상되는 금액보다 인하되는 금액이 크므로 더 많이 내려간다고 생각해서 처음보다 가격이 낮아질 것이라고 생각하는 것입니다. 그러나 B가게 물건값도 마찬가지로 처음보다 낮아집니다. 내려간 금액보다 올라온 금액이 적으므로 가격이 조금 올라간다고 생각하면 최종 가격이 처음 가격에 미치지 못한다는 것을 이해할 수 있을 것입니다.

2가지 질문에 대한 결론을 정리하면, 두 가게에서 파는 물건의 최종 가격은 똑같으며 둘 다 처음 가격보다 낮아지게 됩니다.

이렇게 보니까 헷갈리는데, 구체적인 수치를 넣어서 계산해봐도 되나요?

좋은 생각입니다. 사실 이런 문제는 추상적인 문자를 사용하기보다 구체적인 수치를 이용하는 것이 흐름을 파악하기 쉽습니다. 예를 들어 처음 가격을 100원으로, 변동 비율을 10퍼센트로 정하고 A가게부터 차례로 가격의 변화를 살펴보겠습니다.

A가게는 10퍼센트를 올렸으니 물건값은 110원이 되고, 10퍼센트인 11원을 내리면 99원이 됩니다. B가게는 10퍼센트를 내렸으니 90원이 되고, 거기서 10퍼센트인 9원을 올리면 99원이 됩니다. 두 가게의 최종 가격은 똑같습니다. 그리고 둘 다 처음 가격보다 1원이 싸졌습니다.

수치를 넣었더니 문자보다 쉽게 계산되지만 일반화하기는 어렵습니다. 수학에서는 순간적인 계산도 필요하지만 궁극적으로는 일반화하는 것이 더 높은 수준이기 때문에 이를 위해 문자를 사용합니다. 문자를 사용해 계산하는 것은 분명 어렵습니다. 하지만 일반화가 가능하다는 장점이 있습니다.

20퍼센트나 30퍼센트가 되어도 결론이 마찬가지일지 궁금한데, 이제 문자를 사용해서 수식으로 나타내보라는 말씀이죠?

앞에서 수치를 10퍼센트로 놓고 계산한 후 20퍼센트나 30퍼센트가 되면 어떻게 될지 추측하게 되는 것이 일반화로 가는 자연적인 사고 흐름입니다. 10퍼센트일 때만 조사하고 끝내기보다 다른 경우에도 성립하는지를 파악하고자 하는 것은 인간의 호기심이라고 볼 수 있습니다. 꼭 10퍼센트인 문제만 발생하는 것이 아니니까요. 이때도 수치로 계산할 수 있지만, 이쯤 되면 문자를 사용하고 싶은 생각이 들 것입니다.

다시 x퍼센트로 돌아가봅시다. 처음 가격도 100원 대신 문자 a를 사용하여 a원으로 계산합니다. 조금 어렵겠지만 식으로 계산해보겠습니다. 불편하다면, 건너뛰어도 됩니다.

처음 a원에서 x퍼센트 올린 가격은 $a\left(1+\dfrac{x}{100}\right)$원입니다. 여기서 다시 x퍼센트 내린 가격은 $a\left(1+\dfrac{x}{100}\right)\left(1-\dfrac{x}{100}\right)$원입니다. 이것이 A가게 가격이고 B가게 가격은 계산 순서만 바꾼 것이므로 $a\left(1-\dfrac{x}{100}\right)\left(1+\dfrac{x}{100}\right)$원입니다. 두 가격은 $a\left(1-\dfrac{x^2}{10000}\right)$으로 같습니다. 그리고 처음 가격 a원보다 $\dfrac{x^2}{100}$퍼센트만큼 쌉니다.

비슷한 문제를 하나 더 볼까요. 서울 마포중앙도서관에서 행사를 개최하기 위해 사용료를 알아보았습니다.

다음 표에서 보면 마중홀을 3시간 사용하면 45만 원을 내야 합니다. 행사가 토요일이니까 30퍼센트가 가산加算됩니다. 그런데 행사를 하는 단체가 마포구 내 사업자등록증을 보유하고 있으니 30퍼센트 감면減免을 받습니다.

사용료

구분	마중홀	세미나실	집필실	생각나눔방	문화강연방	갤러리
기준	1회 3시간	1회 3시간	1회 4시간	1회 1시간	1회 1시간	1일
금액(원)	450,000	330,000	10,000	10,000	10,000	300,000

* 사용시간 초과 시 기준금액의 시간당 사용료를 초과시간에 따라 가산하고, 1시간 미만은 1시간으로 봄
* 토요일 및 공휴일은 사용료의 30%를 가산
* 각종 행사준비를 위한 사전 사용료는 기본 사용료의 50%
* 냉·난방비 무료, 부가가치세 포함

시설 사용료 감면 기준

감면 대상	감면 비율
마포구에서 6개월 이상 거주한 구민 또는 마포구 내 사업자등록증 보유 단체가 사용하는 경우	30%

30퍼센트 가산되었다가 30퍼센트 감면되네요. 그럼 금액이 그대로일 까요?

답변이 3가지로 나올 수 있습니다. 원래 금액보다 높다, 원래 금액 보다 낮다, 그리고 변함없다. 대개는 ±0이라고 생각합니다. 그런데 실제로 계산하면 4만 500원이나 싸집니다. 지금 계산기를 이용해 확 인해보세요. 이유는 앞에서 살펴본 상황과 같습니다.

| 정부의 경제 정책은 얼마나 성공했을까? 초6 비와비율

정부가 어떤 경제 정책을 펴서 첫해에는 매출이 25퍼센트 증가했 고, 다음 해에는 80퍼센트 증가했습니다. 정부로서는 2년간의 평균 매출 증가율을 계산하고 싶습니다.

25퍼센트와 80퍼센트 증가했으니 평균 증가율은 $\frac{25+80}{2}$=52.5(%)인가요?

일반적으로 평균은 총합을 개수로 나누어 구합니다. 그래서 백분율 등 비율의 평균을 계산할 때도 모든 비율을 더한 다음 개수로 나누어 계산한다고 착각할 수 있습니다. 이것은 틀린 계산입니다. 증가율의 평균은 52.5퍼센트가 아닙니다.

앞에서 가격 변동 문제를 통해 계산했던 것을 생각해보면 25퍼센트 증가한 것은 매출이 전년의 1.25배라는 뜻입니다. 그러므로 전년의 매출을 P라 하면 $P \times 1.25$가 첫해의 매출입니다. 그리고 그다음 해에는 80퍼센트 증가했으므로 매출은 $P \times 1.25 \times 1.8 = P \times 2.25$입니다.

평균 52.5퍼센트 증가했다고 가정하면 매출이 매년 1.525배가 됩니다. 그러면 첫해의 매출은 $P \times 1.525$이고, 그다음 해의 매출은 $P \times 1.525 \times 1.525$가 되는데, 이를 계산하면 $P \times 2.325625$입니다. 앞의 계산과 맞지 않습니다. 더 큰 값이 나오므로 평균 증가율 52.5퍼센트라는 주장은 잘못된 것입니다.

평균 증가율을 바르게 계산하려면 매출이 1년에 평균 x배씩 늘었다고 가정합니다. 그러면 첫해의 매출액은 $P \times x$가 되고, 그다음 해의 매출액은 $P \times x \times x$, 즉 $P \times x^2$이 됩니다. 이것이 $P \times 2.25$와 같아야 하므로 $x^2 = 2.25$입니다. x는 제곱해서 2.25가 되는 수, 즉 2.25의 제곱근이고, 계산기를 이용하면 1.5입니다. 즉, 매출은 매년 1.5배 늘어나므로 평균 증가율은 52.5퍼센트가 아닌 50퍼센트입니다.

| 2+1에 속지 않는 법 초6 비와비율

물건을 끼워 파는 경우가 많지요. 더 싸겠지 하는 생각이 들기도 하고, 항상 고민이 됩니다. 예를 들어, 물건을 9개 사면 하나 더 끼워주는 경우와 10개 사면 10퍼센트 할인해주는 경우 중 어느 것을 선택해야 할까요? 어느 쪽이든 물건은 10개를 사게 됩니다. 두 경우가 같은지, 차이가 나는지는 정확히 계산해봐야 알 수 있습니다.

이때는 물건 가격을 적당한 수치로 정해 계산하는 것이 편리합니다. 물건 하나의 가격을 100원이라 치고, 9개를 사면 900원이 들지만 물건은 10개를 받습니다. 다른 경우는 10개를 사면 1,000원이 들지만 10퍼센트인 100원을 할인받으면 900원이 듭니다. 결국 두 상황이 같은 것임을 확인할 수 있습니다.

그러면 다음 상황에서도 가격이 같을까요? 이렇게 생각하는 것을 '일반화'라고 하는데, 이번에는 개수를 하나 늘려 생각해보겠습니다. 10개 사면 하나를 더 끼워주는 경우와 11개 사면 10퍼센트를 할인해주는 경우에도 결과가 같은지, 먼저 고민해보기 바랍니다.

이제 계산하겠습니다. 10개를 사면 1,000원이 들지만 물건은 11개를 받습니다. 다른 경우에는 11개를 사면 1,100원이 들지만 10퍼센트인 110원을 할인받아 990원이 듭니다. 이번에는 결론이 같지 않습니다. 물건 하나 차이로 미묘한 결과가 나왔습니다. 두 경우의 값이 같다는 결과가 항상 성립한다고 보기는 어렵겠습니다.

결국 그때그때 계산해봐야겠네요.

네. 그렇게 정리할 수 있겠습니다. 비슷한 경우로 마트에 가면 1+1 과 2+1 등이 있습니다. 누구라도 같은 물건이면 어느 것을 사야 유리할지 잠시라도 고민해본 적이 있을 것입니다.

결론을 먼저 얘기하자면, 1+1이 2+1보다 더 쌉니다. 둘 중 어느 것이 싼지 직관적으로는 알더라도 어린아이들이 1+1이 더 싼 이유를 묻는다면 생각보다 설명하기가 쉽지 않습니다. 답보다 중요한 것은 설명하는 방법입니다. 특히 잘 이해하지 못하는 어린아이들을 이해시키기 위해서는 설명 방법이 고민될 것입니다.

첫 번째 방법은 개당 가격을 구하는 것입니다. 예를 들어 1개의 가격이 1,000원이면 1+1은 1,000원을 내고 2개를 사는 것이므로 개당 500원을 낸 셈이 됩니다. 반면 2+1은 2,000원을 내고 3개를 사는 것이므로 개당 667원을 낸 셈입니다. 1+1이 더 저렴하지요.

두 번째 방법은 최소공배수를 이용한 설명입니다. 1+1은 2개이고 2+1은 3개이므로 2와 3의 최소공배수인 6개를 산다고 가정하는 것입니다. 1+1은 3세트를 사면 6개가 되는데 1,000원씩이므로 3,000원에 6개를 사는 셈입니다. 2+1은 2세트를 사면 6개가 되는데 2,000원씩이므로 4,000원에 6개를 사는 셈입니다. 똑같이 6개를 샀지만 지불한 금액이 차이가 나므로 1+1이 유리하다는 것을 설명할 수 있습니다.

| 퍼센트(%)와 퍼센트포인트(%p)는 같은 걸까? 초6 비와 비율

국토교통부가 29일 발표한 4월 항공운송시장 동향에서 김해국제공항이 작년 4월보다 국제여객이 20% 성장한 것으로 나타났다.

김해공항 국제선의 올해 4월 국제여객은 79만 3,421명으로 전년 동월 65만 7,925명에 비해 20.6%p 성장했다.

2018년 5월 31일 인터넷에 발표된 한 언론사의 기사입니다. 첫 번째 단락에서는 '20% 성장했다'고 표현했고, 두 번째 단락에서는 '20.6%p 성장했다'고 표현했습니다.

둘 다 퍼센트라고 하든지 둘 다 퍼센트포인트라고 해야 하는 것 아닌가요? 어떤 것이 맞는 표현이에요?

똑같은 수치 변화에 퍼센트와 퍼센트포인트를 사용했으니, 어느 하나가 오류일 가능성이 있습니다. 계산해보면 2018년 4월 국제여객 수가 2017년 4월에 비해 13만 5,496명 늘었습니다. 이것을 작년 여객 수 65만 7,925로 나누면 약 0.206이 나옵니다. 이런 경우 뭐라고 표현할까요? 수치 비교이므로 '20.6% 성장했다'고 표현하는 것이 맞습니다. 퍼센트포인트는 수치의 변화량이 아니라 퍼센트의 변화량을 뜻합니다.

뉴스에 흔히 아파트 값이 몇 퍼센트 올랐다, 금리가 몇 퍼센트포인트 올랐다는 표현이 나옵니다. 이때 퍼센트와 퍼센트포인트는 전혀 다른 의미인데, 이를 잘 구분하지 못하는 경우가 자주 나타납니다. 퍼센트는 기존의 수치를 기준으로 하여 올라간 수치를 백분율로 표시한 것입니다. 즉, 비율입니다. 비율의 수학적 정의는 기준량에 대한 비교하는 양의 크기이며, 그 계산은 (비율)= $\dfrac{(비교하는 양)}{(기준량)}$ 과 같이 합니다. 반면에 퍼센트포인트는 기존에 제시된 퍼센트와 새롭게 계산된 퍼센트의 차이를 계산한 것입니다.

예를 들어 아파트 가격이 2017년에 1억 원이었는데 2018년에 1억 1,000만 원이 되었다면 10퍼센트 증가했다고 표현합니다. 여기서는 퍼센트포인트라는 용어를 사용하지 않습니다. 그런데 이 아파트 가격이 2019년에 1억 3,000만 원이 되었다면 2018년에 비해 18.2퍼센트 증가한 것입니다. 이때 2019년의 아파트 가격의 증가율은 2018년에 비해 8.2퍼센트포인트 올랐다고 말할 수 있습니다. 그냥 8.2퍼센트 올랐다고 하면 틀린 표현입니다.

정리하면 퍼센트는 100퍼센트 안에 있는 어떤 기준에 대한 변화량을 백분율로 나타낸 것이고, 퍼센트포인트는 백분율이 아니라 기존에 제시된 퍼센트 숫자에 비해 늘어나거나 줄어든 수만을 나타낸 것이라고 할 수 있습니다.

퍼센트와 퍼센트포인트에 대한 논란은 수능 영어 문제에서도 일어난 적이 있습니다. 2015학년도 대입 수능에 출제된 문항의 오류로, 한국교육과정평가원은 복수 정답 처리로 결론을 냈습니다.

아, 그런 적이 있었어요? 어떤 논란이었나요?

2015학년도 수능 영어 25번은 '미국 청소년들의 2006년과 2012년 소셜미디어 이용 실태' 도표를 설명한 내용 가운데 도표와 일치하지 않는 보기를 고르는 문제였습니다. 한국교육과정평가원은 ④를 정답으로 제시했는데 일부 수험생들이 '휴대전화 공개율이 2퍼센트에서 20퍼센트로 18퍼센트 올랐다'고 한 ⑤도 틀렸으므로 문제에 오류가 있으며 복수 정답으로 인정해야 한다고 주장했던 것입니다. 퍼센트의 수치 차이를 비교하는 것이므로 퍼센트포인트 단위를 써야 했던 것이지요.

25. 다음 도표의 내용과 일치하지 <u>않는</u> 것은?

Social Media Profiles: What Americans Aged 12-17 Post

The above graph shows the percentages of Americans aged 12-17 who posted certain types of personal information on social media sites in 2006 and in 2012. ① The year 2012 saw an overall percentage increase in each category of posted personal information. ② In both years, the percentage of the young Americans who posted photos of themselves was the highest of all the categories. ③ In 2006, the percentage of those who posted city or town names was higher than that of those who posted school names. ④ Regarding posted email addresses, the percentage of 2012 was three times higher than that of 2006. ⑤ Compared to 2006, 2012 recorded an eighteen percent increase in the category of cell phone numbers.

| 전방에 과속 방지 카메라가 있습니다 초6 비와비율

속력을 재는 카메라가 곳곳에 설치되어 있습니다. 카메라가 어떤 성능을 가졌기에 속력을 재서 사진을 찍어 낼 수 있는지 생각해본 적 있나요? 사실 속력은 카메라가 재는 것이 아니라 카메라 근처에 설치된 센서가 잽니다. 이를 아는 사람들은 멀리서 카메라가 보일 때부터 속력을 줄이는 것이 아니라 센서 가까이 와서야 속력을 줄입니다.

내 차의 속력을 센서가 어떻게 알아차리는 걸까요?

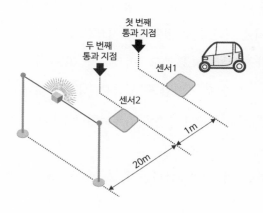

그림에서는 20미터이지만 보통은 카메라 앞 10미터 정도 되는 길바닥에 네모 박스 모양으로 센서가 설치되어 있습니다. 교차로에 속력과 신호 위반을 동시에 잡는 카메라가 있는 경우라면 횡단보도를 걸어가면서 이 네모 칸을 볼 수 있습니다. 아스팔트를 □ 모양으로 얇게 파고 센서를 넣어두거든요. 그리고 그 간격이 1미터 정도로 유지

되어 있습니다. 그러므로 1미터 간격의 사각형이 보이면 거기서 속도를 잰다고 생각하면 됩니다. 차가 지나가면 바퀴가 센서1과 센서2를 지나가는 데 걸리는 시간을 재는 것입니다.

속력은 거리를 시간으로 나누어 계산합니다. 거리는 1미터로 고정되어 있고, 시간은 센서를 통해 잴 수 있으니 순간적으로 속력이 계산됩니다. 이때 계산된 속력이 제한 속도를 넘으면 카메라에 명령이 내려져 사진이 찍힙니다. 이런 카메라를 고정식 카메라라고 합니다.

수학에서는 이를 '미분의 원리'라고 합니다. 미분이라고 하는 것은 짧은 시간의 움직임을 나타내는 것입니다. 아주 짧은 순간에 차가 이동한 거리를 측정하여 그 순간의 속력을 재는 것인데 수학에서는 이를 '순간변화율'이라고 합니다. 순간적으로 움직이는 비율이라고 볼 수 있습니다. 미분은 초등학교에서 배우는 비율의 연장입니다. (속력)=(거리)÷(시간)로 계산할 수 있는데, 시간에 대한 움직인 거리의 크기, 즉 단위시간당 움직인 거리가 속력이라는 비율 개념입니다.

센서가 속력을 어떻게 계산하는지 궁금한데, 실제 계산해볼 수 있어요?

실제 계산을 해보지요. 시내의 도로는 대부분 시속 60킬로미터를 제한 속도로 하고 있습니다. 이것을 60으로 나누면 분속 1킬로미터, 즉 1,000미터입니다. 두 감지선 사이의 거리가 1미터이므로 시속 60킬로미터로 달리는 차가 두 감지선 사이를 통과하는 데 걸리는 시간은 얼마나 될까요? 무슨 계산이 필요할까요?

분속 1,000미터란 1분에 1,000미터를 이동하는 속력을 말합니다. 그러므로 1미터를 통과하는 데 걸리는 시간을 비례식을 이용하여 구하면 0.06초가 나옵니다. 1초의 $\frac{1}{10}$도 안 되는 아주 짧은 시간입니다.

그렇다면 과속을 하는 경우는 바로 그 감지선 사이의 짧은 1미터 거리를 0.06초보다 빨리 통과한 때로 이해할 수 있습니다.

이렇게 짧은 시간을 사람은 잴 수 없겠지만 컴퓨터는 정확히 측정할 수 있고, 그 계산 또한 빨라서 감지선을 통과하는 즉시 카메라에 사진을 찍도록 명령을 내림으로써 과속하는 차를 놓치지 않고 찍게 되는 것입니다.

속력 또는 속도라는 개념은 초등학교 6학년의 비율 단원에서 다루는 내용입니다. 중학교에서는 1학년이나 2학년에서 일차방정식 또는 연립방정식의 소재로 사용되어왔습니다. 사실 속도는 고등학교 수학의 어려운 주제 중 하나인 미분법의 아주 중요한 핵심이기도 합니다. 고등학교를 졸업한 성인들은 이미 거의 다 미분을 배웠습니다. 그런데 여러분의 기억 속에 남아 있는 것은 오로지 의미도 모르는 미분법의 공식뿐입니다.

하지만 우리가 매일 만나는 과속 단속 카메라에도 미분이 있었습니다. 두 감지선 사이의 짧은 거리를 통과하는 순간적인 시간에서 알아낸 순간 변화율이 쉬운 말로는 속력, 그리고 넓은 의미로는 미분인 것입니다. 과속 단속 카메라에 찍히지 않기 위해 속력을 줄여 통과한 적이 있다면 여러분은 미분을 이용하며 세상을 살아온 것과 다름없습니다.

주식 거래 상황을 지켜보는 사람들이 얼마나 빠르게 주가의 변동을 계산하고 있을지 상상해보세요. 발 빠르게 주가의 변동을 예측하고 투자의 전략을 짜는 모든 행위는 그냥 저절로 생긴 능력이 아닙니다. 상당 부분은 중·고등학교를 다니는 동안 수학을 배운 결과임을 무시하지 않았으면 좋겠습니다. 우리가 배운 수학의 결과가 성적표로만 나타나는 것은 아니며, 겉으로 보이지는 않지만 우리도 모르는 사이 수학을 통해 뇌가 합리적으로 사고할 수 있도록 발달하고 있다는 것을 이제라도 인정했으면 합니다. 다만 우리나라의 수학 교육이 결과 중심의 문제 풀이로 그 본질을 지나치게 흐려온 탓에 수학 교육의 진정한 목적인 논리적 사고력 함양에 소홀해진 것도 인정해야겠지요.

자, 속력을 재는 기계는 고정식만 있는 것이 아닙니다. 이동식도 있습니다.

아, 그렇지요. 이동식 카메라도 같은 방식으로 속력을 재나요?

이동식 카메라는 바닥의 센서를 이용하지 않습니다. 카메라 자체에서 레이저를 쏘아 레이저가 차에 도달했다가 되돌아오는 시간을 재는 방법으로 속력을 계산합니다. 이 원리는 '도플러 효과'로 설명할 수 있습니다. 도플러 효과는 수학 교과에서는 직접 다루지 않고, 과학에서 다루고 있습니다. 야구장에서 투수들의 투구 속도를 잴 때도 이동식 카메라를 사용합니다. 투수가 던지는 공에 레이저를 쏘고 레이저가 공에 맞아 다시 돌아오는 것을 이용해 속력을 계산하는 것입니다.

| 음악가는 아니었던 피타고라스 초6 비와비율

피타고라스 하면 떠오르는 것은 당연히 피타고라스 정리일 것입니다. 직각삼각형에서 성립하는 피타고라스 정리는 그 유명한 식 $a^2+b^2=c^2$을 떠올립니다. 수가 아닌 도형에 관한 연구처럼 보이지만, 여기서도 수의 질서가 중요한 이슈입니다.

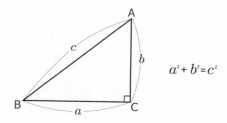

피타고라스 정리는 사실 피타고라스가 최초로 발견한 것이 아닙니다. 당시 문명 발상지였던 메소포타미아, 이집트, 중국 등지에서 이미 이 성질을 사용하고 있었습니다. 도형에 관한 이 성질에 '피타고라스 정리'라고 이름 붙인 이유는 피타고라스가 수학적으로 정확한 '증명'을 최초로 해냈기 때문입니다. 직각삼각형에 관한 이런 사실을 발견하고 사용하는 것보다 더 중요한 것은 그것이 항상 성립한다는 사실을 설명해내는 것입니다. 그래서 피타고라스 정리가 탄생한 것이지요. 피타고라스 정리에 대해서는 그 증명 방법이 최근까지 400여 가지 이상 나와 있습니다.

피타고라스 정리는 수들 사이의 법칙과 도형에 성립하는 법칙이 하나로 결합되고 설명될 수 있음을 보여주는 좋은 예시가 됩니다. 피타고라스가 주장한 대로 결국 도형도 그 본질은 수數라는 것을 보여주지요. 그리고 피타고라스는 음계를 만드는 것으로 결국 만물의 본질이 수數임을 보여주었답니다.

음악에서 사용되는 음계의 각 음들 사이에는 특정한 정수 비율이 존재하기 때문에 인간의 귀에 아름다운 화음으로 들리는 것입니다. 실제로 피타고라스는 각 음 사이의 비율을 정해 음계를 만들었습니다. 비율이 달라지면 서로 다른 화음이 만들어집니다. 즉, 우리가 듣는 아름다운 화음의 본질은 수들 사이의 비율인 것입니다. 피타고라스는 이렇듯 모든 만물에 수의 질서가 존재한다 주장했고, 그래서 수에 관한 연구에 집중했습니다. 그 결과 서양의 12음계를 만들어냈지요.

자연수의 비에 심취한 피타고라스가 어느 날 대장간 옆을 지나다가 대장장이가 쇠 두드리는 소리를 듣고는 소리의 높낮이 사이에 어떤 수학적 규칙이나 비율이 있을 것으로 예상했다고 합니다. 그래서 여러 가지 실험을 통해 서양의 음계를 만들게 되었답니다.

현의 길이가 짧을수록 높은 소리가 나는 것은 이해할 수 있을 것입니다. 피타고라스는 $\frac{1}{2}$ 과 $\frac{2}{3}$ 라는 2가지 비율로 피아노 음계를 만들었습니다. 현의 길이를 $\frac{1}{2}$ 로 줄이면 정확히 한 옥타브 높은 소리가 나고, 현의 길이를 $\frac{2}{3}$ 로 줄이면 완전5도 높은 소리가 난다는 사실을 발견하고는 이 2가지 비율로 피아노 음계를 완성한 것입니다. 이 사실을 피아노로 직접 확인하기는 어렵지만 현의 길이가 다 보이는 기타로는 확인이 가능합니다.

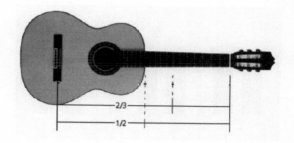

기타의 6줄 중 아무 줄이나 하나를 정해서 한 번 튕겨 소리를 냅니다. 그다음 $\frac{1}{2}$ 되는 지점을 잡고 튕기면 그 소리는 처음 소리보다 한 옥타브 높은 음이 됩니다. 마찬가지로 $\frac{2}{3}$ 되는 지점을 잡고 튕기면 처음 소리보다 완전5도 높은 소리가 납니다. 가능하면 직접 실험해보기 바랍니다. 처음 소리를 '낮은 도'라고 하면 $\frac{1}{2}$ 되는 지점을 잡고 튕길 때 나오는 소리는 '높은 도', $\frac{2}{3}$ 되는 지점을 잡고 튕길 때 나오는 소리는 '솔'이 됩니다.

그래도 어떻게 2가지 비율만으로 모든 음계를 만들지요?

예를 들어 보통 중간에 있는 도의 현의 길이를 1이라고 하면 이보다 완전5도 높은 솔의 현의 길이는 $\frac{2}{3}$가 되지요. 다시 솔의 현의 길이를 $\frac{2}{3}$배 하면 $\frac{4}{9}$가 되는데, 이것은 솔보다 완전5도 높은 레의 현의 길이가 되겠지요. 이는 한 옥타브 높은 도의 현의 길이인 $\frac{1}{2}$보다 작고 그 위의 레가 된 것이므로 다시 길이를 반대로 2배 하면 $\frac{8}{9}$이 되고,

이는 보통 레의 현의 길이가 됩니다. 이런 식으로 계속 $\frac{2}{3}$배를 하고 길이가 $\frac{1}{2}$보다 작아지면 2배를 하는 방식으로 계산하면 다음과 같은 결과가 나옵니다.

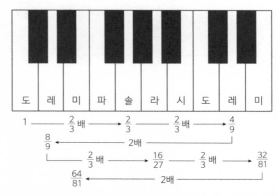

음계	도	레	미	파	솔	라	시	높은도
현의 길이의비	1	$\frac{8}{9}$	$\frac{64}{81}$	$\frac{3}{4}$	$\frac{2}{3}$	$\frac{16}{27}$	$\frac{128}{243}$	$\frac{1}{2}$

그런데 지금은 피타고라스가 만든 이 음계를 사용하지 않습니다. 여기서 모순이 발견되었기 때문입니다.

음이 만들어지는 순서를 생각하면 도 → 솔 → 레 → 라 → 미 → 시 → 파 → 도인데, 계산해보면 시에서 파를 만들 때 $\frac{128}{243} \times \frac{2}{3} = \frac{256}{729}$이 되고 $\frac{1}{2}$보다 작으니 다시 2배를 하면 $\frac{512}{729}$가 나와야 하는데 앞의 표에는 $\frac{3}{4}$이라고 쓰여 있습니다. $\frac{3}{4}$을 만든 이유는 파를 $\frac{2}{3}$배 하여 만들어지는 높은 도가 $\frac{1}{2}$이니까 거꾸로 $\frac{1}{2} \div \frac{2}{3}$로 계산한 결과입니다. 결국 피타고라스가 만든 2개의 비로 된 음계는 파에서 $\frac{512}{729}$와 $\frac{3}{4}$이 충돌하는 양상을 빚게 되어 모순을 갖게 된 것입니다.

어떤 현의 길이를 $\frac{2}{3}$배 하면 완전5도 높은 음이 만들어집니다. 완전5도라고 하는 것은 피아노에서 도와 솔 사이의 음정인데, 중요한 것은 도와 솔 사이에는 반음이 하나(미-파 사이) 있고 나머지는 모두 온음으로 이루어졌다는 사실입니다. 솔 다음에 만들어지는 레 사이에도 반음이 하나(시-도 사이) 있지요. 그다음 레와 라 사이에도 반음이 하나(미-파 사이) 있습니다. 모두가 이런 식으로 움직이는데 마지막 시에서 파 사이에는 반음이 2개(시-도, 미-파 사이) 있기 때문에 이것은 완전5도가 아니라 감5도라고 합니다. 결론적으로 시와 파 사이는 완전5도보다 짧기 때문에 길이의 비가 $\frac{2}{3}$일 수 없는 것이지요.

원숭이도 나무에서 떨어진다는 말이 있긴 하지만, 이런 모순은 피타고라스가 음악가는 아니었다는 사실로 이해할 수 있습니다. 이런 허점을 일컬어 '피타고라스 콤마'라고 부르기도 하지요. 피타고라스 콤마란, 현의 길이를 $\frac{1}{2}$배 했을 때 한 옥타브 높은 음(완전8도)이 나오는 비율과 현의 길이를 $\frac{2}{3}$배 했을 때 완전5도 높은 음이 나오는 비율이 동시에 성립할 수 없는 미묘한 차이를 말합니다. 차이가 나기는 하지만 소수점 아래 아주 작은 수(0.05)만큼이기 때문에 무시할 수 있는 정도라서 '콤마'라고 이름을 붙인 것이지요.

3부
보도 블록에 깔린
수학

| 에펠탑에 삼각형이 많은 이유 　초4 삼각형과 사각형

세 가지 물건이 있습니다. 첫 번째는 의자, 두 번째는 이젤, 그리고
세 번째는 삼각대입니다. 이 셋의 공통점은 무엇일까요?

다른 공통점도 있겠지만, 제가 찾아낸 것은 모두 다리가 3개라는
점입니다. 이젤과 삼각대는 왜 다리가 3개일까요? 의자는 보통 다리

가 4개이지만 가끔 3개인 경우가 있지요. 다리가 4개인 것과 3개인 것은 어떤 차이가 있을까요?

질문을 바꿔보겠습니다. 삼각형과 사각형의 차이에 대해 말할 수 있나요? 정삼각형과 정사각형, 정오각형, … 등을 모두 '정다각형'이라고 하는데 이 중 정삼각형의 정의는 다른 정다각형의 정의와 차이가 있습니다.

정다각형은 변의 길이가 모두 같고, 각의 크기도 모두 같은 다각형을 뜻합니다. 따라서 정사각형은 네 변의 길이가 모두 같고, 네 각의 크기도 모두 같은 사각형입니다. 그렇다면 정삼각형의 정의는 무엇일까요?

정사각형처럼 세 변의 길이가 모두 같고 세 각의 크기도 모두 같은 삼각형 아닌가요?

일부러 정사각형 정의를 먼저 알아본 다음 정삼각형 정의를 물으면 많은 사람이 그렇게 대답한답니다. 주변에 수학 교과서나 수학 사전이 있으면 한번 찾아보세요.

정삼각형은 세 변의 길이가 모두 같은 삼각형입니다.

각에 대한 조건이 빠지네요.

그렇습니다. 이번에는 반대로 정사각형에서 각에 대한 조건을 빼볼까요? 정사각형을 네 변의 길이가 모두 같은 사각형이라고 해도 문제가 없을까요?

네 변의 길이가 모두 같은 사각형이 꼭 정사각형인 것만은 아닙니다. 마름모도 있어요. 그래서 네 각의 크기도 모두 같다는 조건이 주어져야 정사각형이 정의됩니다.

그럼 정삼각형은 왜 각에 대한 조건이 필요 없을까요?

그것은 삼각형만이 가지는 특징 때문입니다. 정사각, 정오각형, 정육각형 등 정삼각형을 제외한 모든 정다각형의 정의에는 모든 변의 길이가 같고 모든 각의 크기가 같다는 조건이 들어 있어요.

삼각형과 사각형의 차이는 변과 각의 개수 차이처럼 간단하지 않습니다. 정의하는 방식에서 각에 대한 조건이 없다는 것은 삼각형의 각의 크기가 변의 길이에 종속된다는 뜻입니다. 보다 쉽게 말하면, 삼각형에서는 변의 길이가 정해지면 각의 크기도 정해지기 때문에 별도의 조건이 필요하지 않습니다. 그런데 사각형은 변의 길이가 정해져도 각이 고정되지 않기 때문에 각에 대한 규정을 하지 않으면 그 모양이 정해지지 않습니다.

그럼 다시 처음으로 돌아가 다리가 3개인 의자와 다리가 4개인 의자의 차이를 생각해보겠습니다.

의자 다리가 3개이면 불안할 것 같은데요.

오히려 그 반대입니다. 의자든 이젤이든 어떤 용도로 사용되든 간에 다리 3개인 상태가 가장 안정적입니다. 절대 쓰러지지 않습니다. 다리가 3개이면 바닥이 평평하지 않아도 괜찮습니다. 야산에서 그림 작업을 할 때도 이젤은 항상 안정되게 설치할 수 있습니다. 오히려 다리가 4개인 의자는 뒤뚱거립니다. 흔들리는 탁자 다리 밑에 두꺼운 종이를 접어 넣거나 뭔가를 끼워 넣은 경험이 있을 것입니다. 이사할 때도 보면 대개 장롱이 사각기둥 모양이기 때문에 장롱의 한쪽 밑에 뭔가를 끼워 넣어 장롱을 고정시킵니다. 생각해보면 저절로 고정되는 경우는 잘 없습니다.

장롱이 삼각기둥이었다면 절대 이런 일이 발생하지 않았을 겁니다. 다리가 3개인 의자는 절대 이럴 일이 없어요. 다리 하나를 10센티미터나 잘라 내도 일단 다리는 고정적으로 세워집니다. 윗면이 평평하지 않을 뿐, 다리가 움직이지는 않습니다. 왜 그런지는 원과 연결하여 생각하면 이해할 수 있습니다.

원은 다각형이 아닌데 삼각형, 사각형과 무슨 관계가 있나요?

그렇습니다. 평면도형을 각이 있는 것과 각이 없는 것으로 분류할 때 원은 다각형으로 분류하지 않습니다. 그렇지만 원과 삼각형이 만나는 상황 중 원이 삼각형에 내접하든가 삼각형이 원에 내접하는 상황을 생각할 수 있습니다. 사각형과 원 사이도 마찬가지로 생각할 수 있습니다.

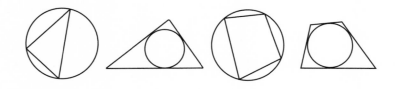

그림을 보면 원 안에 삼각형과 사각형이 내접하는 경우와 원이 삼 각형과 사각형에 내접하는 경우가 서로 별 차이 없는 것처럼 보이지 만, 사실은 큰 차이가 있습니다. 직접 그려보면 차이점을 발견할 수 있습니다. 원을 먼저 그리고 그 안에 삼각형이나 사각형을 그리는 것 은 쉬운 일이고 아주 많이 그릴 수 있습니다. 그런데 이 작업을 반대 로 하면 여러 가지 해프닝이 벌어집니다. 삼각형과 사각형을 먼저 그 리고 거기에 내접 또는 외접하는 원을 그리는 작업은 쉬운 일이 아닙 니다. 지금 직접 그려보기 바랍니다.

먼저 삼각형을 생각해봅시다. 모든 삼각형에는 내심과 외심이 있으 며 각각은 유일합니다. 내심은 내접원의 중심이고, 외심은 외접원의 중심이므로 결국 모든 삼각형에는 내접원과 외접원이 각각 유일하게 존재합니다. 삼각형을 그리면 그 삼각형에 내접하거나 외접하는 원이 반드시 존재하는 것입니다. 그림에서 삼각형에 관한 것은 자연스럽게 느껴집니다. 원을 먼저 그린 다음 거기에 내접하거나 외접하는 삼각 형을 그리는 것 역시 어렵지 않습니다.

이제 사각형으로 넘어갑니다. 사각형은 삼각형보다 꼭짓점이 하나 더 많습니다. 그러므로 사각형의 네 꼭짓점을 동시에 지나는 원(외접원)

은 존재하지 않을 수 있습니다. 사실 거의 존재하지 않습니다. 외접원
이 존재하는 사각형은 희귀합니다. 다음 그림을 보면, 사각형의 네 꼭
짓점 중 어느 세 꼭짓점을 지나는 원은 반드시 존재하지만 나머지 한
점이 이 원 위에 있지 않으면 사각형의 외접원, 즉 네 점을 모두 지나는
원은 존재하지 않지요. 그러므로 삼각형에 외접하면서 사각형에도 외
접하는 원은 삼각형의 외접원 위에 나머지 한 꼭짓점이 있을 때만 가능
합니다. 정리하면 사각형에 외접하는 원은 없을 가능성이 큽니다.

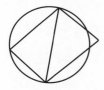

그러면 사각형에 내접하는 원은 어떤가요? 항상 존재하나요?

그것 역시 거의 불가능합니다. 사각형의 세 변에 접하는 원은 삼각
형에서 확인했듯이 항상 존재합니다. 그런데 이 원이 사각형의 남은
한 변에 접할 가능성은 거의 없지요. 그러므로 사각형을 먼저 그리고
거기에 내접하는 원이 만들어지기를 기대하는 것은 로또에 당첨되는
확률 정도로 그 가능성이 희박합니다.

아까 삼각형, 사각형과 원의 관계에서 의자 다리 개수 문제를 생각할 수 있다고 하셨는데요.

맞습니다. 아직 그 문제가 정리되지 않았습니다. 원은 평면도형입니다. 평평한 면 위에 있습니다. 삼각형은 항상 원에 내접합니다. 삼각형의 세 꼭짓점을 지나는 원이 항상 존재한다는 것은 삼각형의 세 꼭짓점이 항상 평평한 면에 놓일 수 있다는 것으로 생각을 연결할 수 있습니다. 삼각형 모양 다리는 바닥이 기울어진 상태라도 흔들리지 않고 서 있을 수 있다는 것입니다. 반면 다리가 사각형 모양이면 3개가 바닥에 동시에 붙어 있을 수는 있지만 다른 하나는 길이가 짧아 떠 있을 가능성이 아주 크고, 그 떠 있는 다리 밑에 뭔가를 괴어야 흔들리지 않게 되지요. 산이나 야외에서 그림을 그려야 하는 화가들에게는 이젤의 삼각대가 정말 요긴하답니다. 흔들리지 않는 이젤을 놓고 그림을 편안히 그릴 수 있는 이유는 이젤의 다리가 3개이기 때문입니다.

주변의 높은 건물이나 지하철 역사 등을 보면 그 내부의 구조나 겉으로 보이는 구조물에 삼각형을 많이 사용한 것을 확인할 수 있답니다. 사각형 구조만 가지고는 무거운 중량이나 바람에 의한 풍력 등을 견디기 어렵기 때문이지요.

그래서 탑이나 다리에 삼각형이 많은가 봐요.

그렇습니다. 안정성 때문이지요. 삼각형 구조는 어떤 압력에도 변하지 않습니다. 길이가 정해지면 각의 크기가 고정되기 때문에 그 모양이 유지되거든요. 그런데 사각형 구조는 압력을 받으면 각의 크기가 변합니다. 불안하지요.

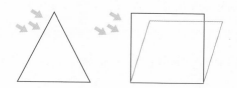

송전탑이나 에펠탑과 같이 높은 탑은 바람에 견뎌야 합니다. 사각형 구조만으로 만들면 아무리 강철이라고 해도 그림과 같이 각의 크기가 변하기 때문에 휘어질 우려가 있지만, 삼각형 구조가 있으면 그 삼각형이 절대로 변하지 않기 때문에 안정을 유지할 수 있답니다. 지하철 역사도 마찬가지입니다. 오늘은 지하철역을 그냥 지나치지 말고 고개를 들어 천장을 한번 관찰해보세요.

송전탑

에펠탑

걸을 때마다 우리는 땅을 밟습니다. 자동차 도로가 아닌 곳은 사람들이 자유롭게 걸어 다닐 수 있지만 자동차가 다니는 큰 도로의 경우 사고 위험 때문에 차도와 인도가 구분되어 있습니다. 차도는 주로 아스팔트로 포장하고 인도에는 보도블록을 깔지요. 사무실이나 화장실 바닥에는 주로 타일을 깝니다. 이 속에 숨어 있는 수학적 사실에 대해 생각해본 적 있나요?

수학이 뭔가 대단한 것이라고 생각하고 있다면, 지금 사무실이나 교실 또는 화장실 바닥을 보세요. 대부분 사진과 같은 모양의 타일이 보일 것입니다. 이게 타일이지 무슨 수학이냐고요? 타일 속에서도 수학에서 아주 기본으로 깔고 있는 2가지 원칙이 잘 지켜지고 있다는 사실을 알게 되면 놀랄 수밖에 없을 것입니다.

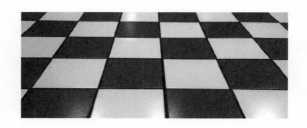

수학에서는 한 번 센 것을 중복해서 다시 세는 것과 있는 것을 빠뜨리는 것, 이 2가지가 절대 금물입니다. 타일을 까는 원칙도 똑같답니다.

타일을 깔 때는 타일이 겹치지 않아야 하고, 빈틈이 있어서도 안 되니까요.

그렇지요. 중복 금지와 누락 금지의 원칙이 잘 지켜지고 있음을 확인할 수 있을 것입니다. 사진을 보면 정사각형 모양의 타일이 매 꼭짓점마다 4장씩 만납니다. 그래서 꼭짓점을 빙 둘러 가득 채우고 있지요. 정사각형이 바닥을 가득 채울 수 있는 것은 그 한 각의 크기가 90도이기 때문입니다. 정사각형이기 때문에 90도라는 각을 가지고 있고, 그것을 이용하여 타일을 만들었다는 것은 자연스러우면서도 인위적입니다.

이 밖에 매일 밟고 다니는 보도블록 속에는 각도에 대한 규칙이 있습니다.

각도에 대한 규칙까지는 아직 잘 모르겠지만, 보도블록도 수학의 2가지 원칙을 지키고 있어요. 겹치지 않고 빈틈이 없어요.

맞습니다. 보도블록이 갖춰야 할 기본적인 조건은 튀어나오지 않고 평평하며, 발이 빠지지 않도록 빈틈이 없어야 한다는 것이지요. 보도블록에도 수학의 기본적인 2가지 원칙이 적용되네요.

직사각형 보도블록

보도블록으로 가장 많이 사용되는 도형은 직사각형입니다. 정사각형과 마찬가지로 네 각의 크기가 모두 90도이기 때문에 어떻게 만나든 360도를 만들기가 아주 쉽습니다. 앞의 직사각형 보도블록은 정사각형 바닥과 달리 네 꼭짓점을 한곳에 모으기보다 두 꼭짓점을 모으고 줄별로 절반씩 어긋나게 배치했네요. 그런데도 튀어나오지 않고 빈틈이 없는 까닭은 직사각형의 두 꼭짓점 각각이 90도이고, 나머지는 직사각형의 한 변, 즉 180도가 만났기 때문에 총합이 360도를 이루게 되었다는 수학적인 사실에 기초합니다. 너무나 당연하기 때문에 수학이 아니라고 생각할 수 있습니다만, 수학적 원리는 매 순간 작용하고 있답니다.

지난 10여 년 동안 여름, 겨울 방학마다 학생들을 데리고 해외 유명 관광지에서 수학을 체험하는 여행을 진행했습니다. 수학을 느끼는 첫 번째는 비행기 시간표를 읽는 법에서 하루 24시간과 표준시를 생각하고 그것을 수학적인 개념으로 설명해내는 과정입니다. 그리고 두 번째가 관광지를 걸어 다니면서 길바닥을 보는 것입니다.

정육각형 보도블록

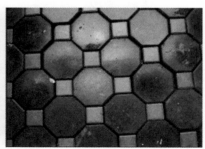
정팔각형과 정사각형으로 된 보도블록

보도블록에는 직사각형만 사용하는 것이 아닙니다. 왼쪽 보도블록은 정육각형만으로, 오른쪽 보도블록은 정팔각형과 정사각형으로 구성되었습니다. 정육각형으로만 보도블록을 만들 수 있었던 이유는 역시 각도에 있습니다. 정육각형은 한 각의 크기가 120도입니다. 어떻게 알았냐고요? 정육각형을 하도 다루다 보니 저절로 한 각의 크기가 120도라는 것을 암기하게 되었네요.

정육각형의 한 각의 크기가 120도인 것을 외워야 하나요?

집 주소나 본인의 전화번호같이 자주 사용하는 수는 다른 것과 논리적인 연결이 없어도 독자적으로 암기될 수 있습니다. 그런데 수학적 사실(정리, 공식, 성질, 법칙 등)은 최소한의 정의定義를 통해 논리적으로 만들어내는 것이기 때문에 그 모든 것을 억지로 외우지 않아도 됩니다. 필요할 때 만들어낼 수 있는 능력을 갖추기만 하면 되지요. 수학에서 최소한 암기할 것은 정의(약속, 뜻)와 그것으로 공식이나 성질을 만들어내는 과정입니다.

정육각형의 한 각의 크기가 120도라는 사실은 독자적으로 지닌 성질이 아니라 삼각형이라는 가장 작은 다각형에서 파생된 것입니다.

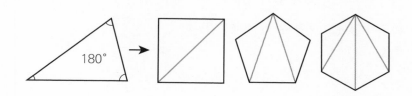

그러므로 우리는 삼각형의 세 각의 크기의 합이 180도라는 가정만 알면 육각형의 6개 각의 크기 합을 구할 수 있고, 정육각형은 6개 각의 크기가 모두 같음을 이용하여 정육각형 한 각의 크기를 구할 수 있습니다. 즉, 육각형을 쪼개면 삼각형이 4개 생기고, 삼각형 하나의 세 각의 크기의 합이 180도이므로 육각형의 각의 크기의 합은 180×4=720(°)이 됩니다. 정육각형은 6개 각의 크기가 모두 같으므로 한 각의 크기는 이것을 6으로 나눈 120도임을 구할 수 있습니다. 이 과정을 귀찮다고 여긴다면 지극히 유감입니다. 오히려 논리적으로 정확히 연결되는 과정을 경험하는 좋은 기회가 될 것입니다. 이렇게 각을 계산하면 백각형, 천각형도 두려울 것이 없습니다. 각의 크기를 도형마다 일일이 암기한다면 그 한계는 십각형 정도가 될 테지만, 논리적인 연결을 시도한다면 불가능한 도형이 없게 됩니다.

정팔각형과 정사각형으로는 어떻게 바닥을 꼭 채울 수 있었을까요?

아주 좋은 호기심이자 질문입니다. 정육각형의 한 각의 크기가 120도라는 것을 외우고 있는 사람은 많을 수 있어도 정팔각형의 한 각의 크기가 몇 도인지 외우고 있는 사람은 상대적으로 많지 않습니다. 암기라는 것이 한계가 있기 때문이기도 하고, 한편으로 생각하면 굳이 외우지 않아도 구할 수 있기 때문입니다.

　사실은 보도블록을 자세히 살펴보기만 해도 저절로 구해집니다. 정팔각형 한 각의 크기를 모른다면 그림과 같이 정사각형 한 각의 크기가 90도라는 사실과 전체가 360도라는 사실을 이용해 계산할 수 있습니다. 여러분이 직접 구할 수 있을 것이라 생각합니다. 지금 각자답을 구해보세요.

　보도블록의 도형이 만나는 각 꼭짓점은 모두 정사각형 하나와 정팔각형 2개로 이루어져 있습니다. 그러므로 360도에서 정사각형 한 각의 크기인 90도를 제외한 270도는 정팔각형 각 2개의 값이고, 두 각의 크기가 같으므로 2로 나누면 정팔각형 한 각의 크기는 135도입니다.

　이번에는 삼각형의 각의 크기 합이 180도라는 사실로 정팔각형 한 각의 크기를 구해보세요. 이번에도 직접 계산해보기 바랍니다.

　팔각형을 자르면 삼각형이 6개 나오지요. 그러면 팔각형 각의 크기 합은 $180 \times 6 = 1{,}080(°)$이고, 정팔각형은 8개 각의 크기가 모두 같으므로 구한 값을 8로 나누면 한 각의 크기는 135도입니다. 앞에서 구한 것과 일치합니다.

이것이 바로 수학입니다. 수학은 그 방법이 다양해서 어느 한 방법만 익히고 외우는 것으로는 수학의 진가를 경험하기가 어렵습니다. 최소한의 사실을 이용해 최대한의 것을 만들어내는 경험을 자주 하면 수학의 진가를 알 수 있는 것은 물론, 더불어 논리적인 사고력을 키울 수 있는 수단으로 수학이 꼭 필요한 과목임을 이해할 수 있을 것입니다.

정육각형 보도블록만으로 길바닥 전체를 덮은 것처럼 한 가지만으로 평면을 덮을 수 있는 도형이 또 있을까요?

360도를 만들 수 있는가 하는 것이 관건입니다. 수학적으로 엄밀하게 수식을 통해 증명하는 방법이 있기는 하지만 귀납적으로 정삼각형부터 차례로 조사하는 방법을 사용하는 것이 가장 쉬운 접근법입니다.

정삼각형은 한 각의 크기가 60도이므로 360도를 만들기 위해서는 정삼각형을 6개씩 모으면 됩니다. 그러므로 정삼각형만으로 평면을 가득 채울 수 있습니다. 보도블록도 만들 수 있겠지요.

앞에서 이미 보았듯이 정사각형은 한 각의 크기가 90도이고 4개씩 모으면 360도가 되므로 정사각형만으로도 평면을 가득 채울 수 있습니다.

이제 정오각형이 가능한지 조사해볼 차례입니다. 정오각형 한 각의 크기는 익숙하지 않으므로 개념 연결을 통해 구해보도록 하겠습니다. 기본적인 가정은 삼각형이 180도라는 사실입니다. 오각형을 쪼개면 삼각형이 3개 만들어지므로 오각형 각의 총합은 $180 \times 3 = 540(^\circ)$ 입니다. 그리고 정오각형은 5개 각의 크기가 모두 같으므로 정오각형 한 각의 크기는 108도가 됩니다. 이렇게 수학의 많은 성질은 최초의 개념으로부터 유도됩니다. 그래서 모든 정다각형의 각의 크기를 외울 필요가 없이 필요할 때마다 삼각형 각의 크기 합이 180도라는 사실 에서 유도할 수 있습니다.

그런데 108도로는 정확하게 360도를 만들 수 없습니다. 3개를 붙이면 324도가 되고, 4개를 붙이면 432도가 되어 360도를 넘습 니다.

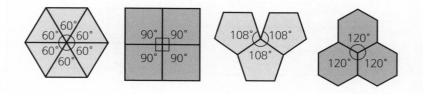

겹치지 않고, 빈틈이 없어야 한다는 기본 원칙에 모두 어긋납니다. 그래서 정오각형만으로 만들어진 보도블록은 볼 수 없습니다. 정육각 형에 대해서는 이미 알아보았으니 정칠각형으로 넘어가보겠습니다. 칠각형을 쪼개면 삼각형이 5개 나옵니다. 칠각형 각의 총합은 900도 이지요. 이것을 7로 나누면 정칠각형의 한 각의 크기는 $\frac{900}{7}$도입니다. 정칠각형 3개를 붙이면 $\frac{2700}{7}$도가 되는데, 이미 360도보다 큽니다. 따라서 정칠각형보다 큰 다각형은 3개만 붙여도 모두 360도가 넘기 때문에 평면을 채울 수 없다는 결론에 이릅니다.

그럼 보도블록으로 사용할 수 있는 도형이 모두 몇 가지인가요?

생각보다 많습니다. 앞에서 살펴본 정다각형 중에서는 정삼각형과 정사각형, 정육각형 등 3가지뿐이지만, 사각형만 봐도 실제 보도블록은 정사각형보다 직사각형으로 만들어지는 경우가 훨씬 많습니다. 바닥을 빈틈없이, 겹치지 않게 까는 것은 정삼각형, 정사각형과 직사각형이 아닌 보통의 삼각형, 사각형으로도 충분합니다. 언뜻 생각해보면 각의 크기가 모두 다른 삼각형이나 사각형으로 어떻게 360도를 만들 수 있는지 의심이 들지만, 실제로는 가능하답니다.

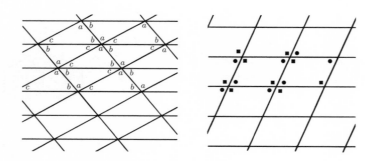

그림에서처럼 삼각형은 한 꼭짓점 둘레로 6개를 모으면 세 각이 2번씩 놓이게 되어 어느 꼭짓점에서나 360도를 이룹니다. 그러므로 삼각형으로는 그 모양이나 세 변의 길이, 그리고 세 각의 크기가 어떻게 되든지 간에 항상 바닥을 가득 채울 수 있습니다. 오른쪽 그림은 평행사변형입니다. 평행사변형은 마주 보는 2쌍의 각의 크기가 각각 같기 때문에 네 각이 모이면 360도가 됩니다.

이번에는 각의 크기, 변의 길이가 모두 다른 사각형입니다. 이런 도형만으로도 바닥을 가득 채우는 것이 정말 가능할까요?

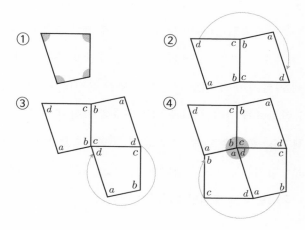

아무렇게나 생긴 도형인데 사각형 네 각의 크기 합이 360도라는 사실 하나만으로 보도블록을 깔 수 있다는 것이 정말 놀랍습니다.

어쩜 이렇게 딱 들어맞지요?

직사각형을 변형한 모양의 보도블록

실제 보도블록에서 가장 많이 눈에 띄는 것은 직사각형이 아니고 그림과 같이 직사각형을 변형한 모양입니다. 어떻게 직사각형도 아닌 것이 저렇게 잘 맞물려 들어가 바닥을 가득 채울까요?

시작은 직사각형입니다. 직사각형을 변형시킨 것인데, 다음 그림과 같이 한쪽으로 변을 바꾸면 반대쪽도 그만큼 똑같이 바꿔준답니다. 이렇게 가로 방향과 세로 방향으로 똑같은 변화를 주면 이들은 직사각형이 반듯하게 만나는 것과 마찬가지로 변형된 형태로 맞아떨어지게 되겠지요. 똑같은 만큼 모양을 같은 방향으로 변형시키는 것을 수학에서는 평행이동이라고 합니다. 그리고 이런 활동을 테셀레이션 tessellation, 우리말로는 쪽매맞춤이라고 합니다.

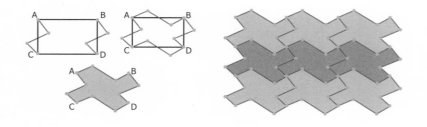

테셀레이션은 도형들로 평면이나 공간을 빈틈없이 채우는 것을 말하며, 그 기본은 보도블록과 마찬가지로 삼각형과 사각형, 육각형입니다. 기본적인 3가지 도형을 변형해서 여러 가지 아름다운 디자인을 만들어냅니다. 도형을 겹치지 않으면서 평면 안을 빈틈없이 꽉 채우는 것이 테셀레이션의 특징으로, 보도블록이나 옷감, 벽지, 건물 벽 등 일상생활에서도 쉽게 찾아볼 수 있습니다.

이런 작업에 기본이 되는 도형은 단 3가지, 삼각형, 사각형, 육각형

뿐이지요. 이 3가지 도형의 특징은 각각의 도형만으로 바닥을 가득 채울 수 있다는 점입니다. 다른 도형으로는 채울 수가 없어요.

| 벌집은 왜 하필 육각형일까? 초5 다각형 + 초6 공간과입체

벌집을 본 적이 있을 것입니다. 모양을 기억하나요? 정확하게 육각형 모양입니다.

사실 양봉을 할 때 사람이 벌통을 만듭니다. 사람이 육각형 모양 기본 틀이 있는 노란색 소초를 붙여서 소초광을 만들고 벌통에 넣어주면, 그 기본 틀에 맞춰 벌들이 담을 높게 쌓는 것입니다. 그렇게 만들어진 방에 꿀을 저장하고, 알을 낳는 것이지요. 그러니 엄격하게 말하자면 이 벌들이 스스로 육각형의 집을 짓는다고 말하기는 어렵습니다.

육각형 모양의 벌집

하지만 야생에서 사는 벌들은 직접 집을 짓습니다. 그 모양이 정확히 육각형인 것을 보면 정말 신기합니다. 야생의 벌이 집을 지을 때는 나무껍질 등을 입으로 씹어 기둥을 세웁니다. 기왕이면 적은 양의 재료를 써서 넓은 공간을 만들고 싶겠지요?

같은 재료로 가장 넓은 공간을 만들려면 어떻게 해야 하나요?

　예를 들어 닭을 키우기 위한 닭장을 만든다고 생각해보지요. 철망 24미터를 울타리로 사용합니다. 이때 직사각형 모양으로 만든다고 하면 어떤 직사각형이 가장 넓을까요? 길쭉한 사각형 모양, 적당한 사각형 모양, 그리고 정사각형 모양 3가지를 비교해보겠습니다.

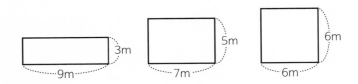

　각각의 넓이는 차례로 27m², 35m², 36m²입니다. 정사각형이 가장 큽니다. 하지만 아직은 항상 그렇다고 확신할 수 없습니다. 확신이라는 것은 수학적으로 일반화된 증명이 있어야 가능하니까요. 확실하게 증명하려면 이차함수 정도의 계산을 하면 되는데, 결론적으로 얘기하면 길이가 정해져 있을 때 그것을 둘레로 하는 도형의 넓이는 같은 모양이라면 정다각형이 가장 큽니다.

사각형 말고 다른 모양으로 만들 수도 있을 텐데요.

　물론입니다. 이번에는 정사각형에서 벗어나 모든 정다각형에서 생각해보겠습니다.
　길이가 24미터인 재료로 닭장의 울타리를 정삼각형, 정사각형, 정육각형 등 3가지 모양으로 만들었을 때의 넓이를 비교해보지요.

정삼각형 한 변의 길이가 8미터이고, 정사각형의 한 변의 길이는 6미터, 정육각형의 한 변의 길이는 4미터입니다. 정삼각형 한 변의 길이를 a라 하면, 정삼각형의 넓이는 $\frac{\sqrt{3}}{4}a^2$입니다. 피타고라스 정리를 쓰면 구할 수 있습니다. 그리고 정육각형을 쪼개면 정삼각형이 6개 나옵니다. 그러므로 세 도형의 넓이는 다음과 같습니다.

- 정삼각형의 넓이: $\frac{\sqrt{3}}{4} \times 8^2 = 16 \times \sqrt{3} = 27.2 \, (\text{m}^2)$
- 정사각형의 넓이: $6 \times 6 = 36 \, (\text{m}^2)$
- 정육각형의 넓이: $\frac{\sqrt{3}}{4} \times 4^2 \times 6 = 24 \times \sqrt{3} = 41.6 \, (\text{m}^2)$

세 도형 중에서는 정육각형의 넓이가 가장 큽니다. 여기서 짐작할 수 있는 것은 둘레가 일정할 때 넓이는 정다각형이면서 각이 많을수록 크다는 사실이고, 점점 각을 늘리면 언젠가는 원에 가까워지는데, 수학적으로는 똑같은 둘레를 가진 도형 중에서는 원이 최대의 넓이를 가진다는 사실이 밝혀져 있습니다. 이것을 등주等周 문제라고 합니다.

세 도형을 보니 보도블록 문제와 관련 있는 것 같아요.

다음 그림이 기억나지요? 만약 한 가지 정다각형만으로 보도블록을 깐다면 그것은 정삼각형과 정사각형, 그리고 정육각형일 때만 가능하다는 것을 보여주는 그림입니다.

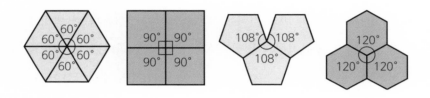

보도블록은 바닥을 가득 채우되 겹쳐지지 않는 것이 중요했습니다. 벌은 집을 지으면 거기에 꿀을 저장해야 합니다. 만약 벌집이 바닥을 가득 채우지 못해 빈 곳이 생긴다면 꿀은 새고 말 것입니다. 벌이 여러 가지 도형을 섞어 집을 지을 정도로 대단한 지능을 가진 것도 아닙니다. 정확히 한 가지 도형으로 집을 짓는 것도 신기할 따름입니다.

집을 짓기 위해 자연에서 재료를 물어 나르는 벌의 입장에서는 최소한의 재료로 최대한 큰 집을 짓고 싶을 것입니다. 그러므로 벌이 고를 수 있는 벌집 모양은 정삼각형과 정사각형과 정육각형 중 하나일 수밖에 없으며, 그중 가장 넓이가 큰 정육각형을 택하는 지혜를 보여준 것입니다. 그래서 '꿀벌은 수학자'라는 말이 생겼습니다.

이제 주변을 돌아보면 정말로 정삼각형과 정사각형, 그리고 정육각형이 다른 도형보다 유난히 눈에 많이 띌 것입니다. 알면 보인답니다.

물건을 포장하는 박스는 어떤 모양이 눈에 가장 많이 띌까요? 잠시 생각해봅시다.

박스 안에 공이 들어 있습니다. 공을 24개 포장할 수 있는 박스를 제작한다고 하면 어떤 사이즈여야 비용이 가장 적게 들까요? 예를 들어 몇 가지를 조사해보면 추론이 가능해질 것입니다.

먼저 $1 \times 1 \times 24$, $1 \times 2 \times 12$, $2 \times 2 \times 6$, $2 \times 3 \times 4$ 등 4가지 경우를 생각해볼까요?

각각의 경우 겉넓이가 포장지 넓이에 해당하므로 겉넓이를 구하면 순서대로 98, 76, 56, 52입니다. 길쭉한 모양보다 두툼한 모양일수록 포장지가 적게 듭니다.

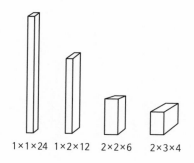

$1 \times 1 \times 24$ $1 \times 2 \times 12$ $2 \times 2 \times 6$ $2 \times 3 \times 4$

가장 이상적인 것은 정육면체일 때인데, 부피가 24인 정육면체의 한 모서리 길이가 자연수인 경우는 존재하지 않으므로 최대한 정육면체에 가까운 모양이 되면 겉넓이가 최소화되어 포장 비용을 줄일 수 있는 경제성이 있습니다.

아까 등주 문제가 아직 마무리되지 않은 것 같은데, 포장 박스가 정육면체에 가깝다는 것이 혹시 등주 문제와 관련 있나요?

　포장에서의 경제성은 최소한의 포장지로 최대한의 물건을 포장할 수 있는 것을 말하지요. 그러므로 똑같은 포장지로 최대한 부피가 큰 입체를 만들려면 정육면체 모양에 가까워야 한다는 것을 짐작할 수 있을 것입니다. 시중에 유통되는 상품 박스 포장을 보면 실제로 정육면체에 가까운 상자가 많은 것을 발견할 수 있습니다. 다만, 정육면체 모양의 상자보다는 그보다 약간 긴 직육면체 상자가 손으로 들기에 편리하고, 그렇다고 너무 길어지면 효율성이 떨어지므로 라면 박스 정도의 직육면체가 합리적인 선택이라고 볼 수 있겠습니다.

☀️🔺 고대 이집트에서는 어떻게 세금을 걷었을까

| 삼각형만으로 높이 재기 (초5) 도형의합동 + (중3) 삼각비

덴마크의 한 대학 시험에서 기압계로 고층 건물의 높이를 재는 방법을 묻자 한 학생이 엉뚱한 답을 내놨습니다. 건물 옥상에 올라가 기압계에 줄을 매달고 아래로 늘어뜨린 뒤 그 길이를 재면 된다고 했던 것입니다. 교수가 다시 물리학 지식을 이용해 답하라고 하자 학생은 6가지의 답을 제시해 교수들을 놀라게 했답니다. 이 학생이 바로 원자 모델을 만들어 1922년 노벨 물리학상을 수상한 닐스 보어입니다.

6가지 답 가운데 보어 스스로 가장 만족한 답은 "기압계를 건물 관리인에게 선물로 주고 설계도를 얻는다"였다고 합니다. 나머지는 여러분이 인터넷에서 찾아볼 수 있습니다. 모두 기발한 방법입니다.

학생들과 수학체험여행으로 파리에 가면 루브르 박물관이나 콩코르드 광장에서 기본적인 관광을 하는 동시에 수학적으로 의미 있는 활동을 합니다. 루브르 박물관 입구에 서 있는 피라미드는 이집트를 연상시키고 박물관 안에 고대 유물이 있음을 암시하는데, 피라미드에 올라갈 수는 없지만 수학적으로 그 높이 재는 방법을 생각해보는 활동을 하는 것입니다. 마찬가지로 콩코르드 광장에 서 있는 오벨리스크를 보고 번쩍이는 꼭대기의 높이가 얼마쯤 될까를 생각해보는 활동이 바로 수학적인 체험이지요.

탑이나 건물에 올라가지 않고도 높이를 재는 것은 전문가만 할 수 있는 일 아닌가요? 우리가 그 높이를 알 수 있는 방법이 있어요?

높이를 재는 일은 측량 전문가들이 자주 하는 일이지요. 그런데 전문가들이 사용하는 기술이 초등학교 5학년이나 중학교 1학년 교과서에 나온다면 믿을 수 있겠습니까? 조금 더 보태서 중학교 3학년에 나오는 삼각비 정도면 정확하게 계산할 수 있답니다. 더 어려운 측량은 중학교 수준을 벗어나겠지만 직접 잴 수 없는 탑의 높이나 건널 수 없는 강의 폭 정도는 충분히 알아낼 수 있습니다. 기본적인 길이나 각의 일부 정보만으로 삼각형을 그릴 수만 있으면 높이를 잴 수 있답니다.

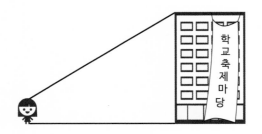

당장 학교 축제를 진행함에 있어 그림과 같은 현수막을 주문하려고 합니다. 학교 옥상에 올라가 줄자를 늘어뜨려 높이를 재야 하겠지요. 옥상에서 운동장까지 길게 늘어뜨린 현수막의 길이가 곧 학교 건물의 높이입니다. 그러나 기왕 배운 수학을 이용하면 굳이 옥상에 올라갈 필요가 없습니다. 우리 일상에서 벌어지는 일 중에는 사실 초등학교 수학만으로 충분히 해결되는 것이 많습니다.

건물의 높이를 재는 것도 초등학교 5학년 때 배운 삼각형의 성질을 이용하면 알 수 있습니다. 2019년부터는 중학교 1학년 교과서에서만 다루고 있습니다.

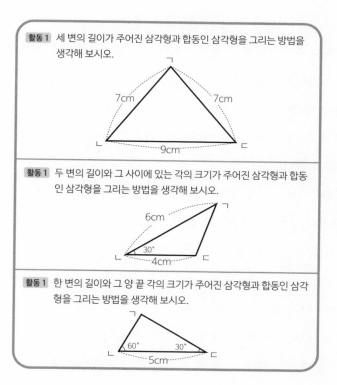

앞에서 삼각형과 사각형의 차이를 생각해봤습니다. 사각형에서는 네 변의 길이가 정해져도 각의 크기를 마음대로 바꿀 수 있었습니다. 그런데 사각형과 달리 삼각형의 변과 각 사이에는 세 변의 길이가 정해지면 거기에 따라 세 각의 크기가 정해지는 종속 관계가 있습니다. 반대로는 종속 관계가 성립하지 않습니다. 즉, 세 각의 크기가 정해진다고 해서 세 변의 길이가 정해지는 것은 아닙니다. 그래서 삼각형에서는 변의 길이가 독립변수이고 각의 크기가 종속변수인 함수 관계가 성립한다고 볼 수 있습니다.

그런데 삼각형을 그린다고 하는 것은 각자 아무렇게나 그리는 것이 아니고 모든 사람이 똑같은 삼각형을 그리는 것입니다. 이렇게 삼각형이 하나로 만들어지는 것을 수학에서는 결정조건이라고 합니다. 똑같은 삼각형이 그려진다는 것은 신기한 일입니다. 서로 다른 지역에서 여러 사람이 각자 삼각형을 그렸는데, 그 모든 삼각형을 오려 맞댔을 때 서로 일치한다는 것이니까요. 이런 면에서도 수학을 만국 공통 언어라고 합니다.

교과서에는 3가지 결정조건이 제시됩니다. 삼각형이 하나로 똑같이 그려질 수 있는 조건, 즉 삼각형의 결정조건은 3가지로 정리할 수 있습니다.

① 세 변의 길이가 주어진 경우
② 두 변의 길이와 그 사잇각의 크기가 주어진 경우
③ 한 변의 길이와 그 양 끝 각의 크기가 주어진 경우

이 중 건물의 높이를 잴 때는 주로 ③을 사용합니다. 건물이나 탑은 대부분 지면에 수직으로 세워져 있기 때문에 그 각의 크기가 90도입니다. 학교 건물이나 오벨리스크 그림에서 보면, 재는 사람의 위치에서 건물이나 오벨리스크까지의 거리와 건물이나 오벨리스크 끝을 올려다 본 각의 크기를 잴 수 있으면 삼각형의 한 변의 길이와 그 양 끝 각의 크기를 아는 것이므로 삼각형을 그릴 수 있고, 삼각형의 높이를 구할 수 있습니다.

실제와 똑같은 길이로 그릴 수는 없으니 축척을 이용해 똑같은 비율로 축소하여 높이를 잰 다음 다시 확대하면 높이를 구할 수 있습니다. 요즘에는 각도를 재는 휴대전화 어플이 많이 나와 있어 쉽게 이용할 수 있답니다.

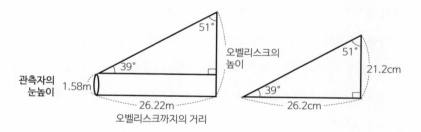

삼각형을 그리는 것과 높이를 재는 것이 무슨 관계가 있나 했는데, 그림을 보니 알겠어요.

삼각비를 이용해서 높이를 구할 수도 있습니다. 삼각비는 직각삼각형의 두 변끼리의 비율을 나타내는 값입니다. 보통 사인과 코사인, 탄젠트를 많이 쓰는데, 그중 이러한 상황에서 사용할 수 있는 것은 탄젠트입니다. 탄젠트는 직각삼각형에서 밑변에 대한 높이의 크기를 말하는 비율로, 그 계산은 $\dfrac{(높이)}{(밑변의 길이)}$로 합니다. 그림의 삼각형에서 39도에 대한 탄젠트 값을 계산기로 찾으면 $\tan 39° = 0.81$이므로 $\dfrac{(높이)}{26.2} = 0.81$, 높이가 $26.2 \times 0.81 = 21.222 \text{(m)}$임을 구할 수 있습니다. 여기에 관측자의 눈높이를 더하면 오벨리스크의 진짜 높이가 나옵니다. 그렇다고 중학교 3학년에서 삼각비를 꼭 배워야만 이렇게 풀 수 있는 것은 아닙니다. 탄젠트의 정의만 알면 누구나 사용 가능한 방법입니다.

그런데 탄젠트를 이용하는 것과 이용하지 않는 것 사이에는 차이가 있습니다. 앞서 알아본 2가지 방법을 비교해보면 알 수 있습니다. 초등학교 5학년에서 배운 삼각형 그리는 방법을 이용하면 항상 축척을 이용하여 삼각형을 그린 다음 다시 축척을 이용하여 원래 길이를 구해야 합니다. 핵심은 삼각형을 그려야 한다는 것입니다.

반면 탄젠트를 이용하면 삼각형을 그릴 필요 없이 높이를 계산할 수 있습니다. 탄젠트의 값은 삼각비 표를 이용하면 알 수 있고, 요즘은 인터넷이나 휴대전화의 계산기 어플을 통해서도 곧바로 알 수 있습니다. 탄젠트를 이용하면 삼각형을 그리면서 생기는 오차를 줄일 수도 있습니다.

실제로 한번 해보고 싶은데 지금 당장 파리에 갈 수는 없는 일이니, 나가서 동네 뒷산 높이라도 재봐야겠는데요.

좋은 생각입니다. 그런데 탑이나 건물의 높이를 재는 것과 산의 높이를 재는 것은 서로 같지 않습니다. 탑이나 건물은 그림에서 봤듯이 재는 사람이 탑이나 건물의 바로 밑까지 접근해서 직각삼각형의 밑변의 길이를 재야 그 높이를 알아낼 수 있습니다. 그런데 산과 같이 아래쪽이 넓으면, 산꼭대기에서 수직으로 내려가 땅과 만나는 부분(이것을 '수선의 발'이라고 한다)에 사람이 접근하는 것이 어렵습니다. 그래서 산의 높이를 잴 때는 보다 복잡한 수학을 사용하게 됩니다. 고등학교에서 배우는 삼각함수가 필요하지요.

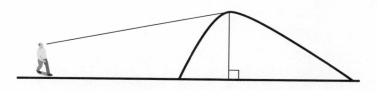

그렇다면 피라미드도 산과 같이 바로 밑까지 접근하는 것은 불가능해요.

예리한 지적입니다. 피라미드도 사실상 산이나 마찬가지입니다. 피라미드 속으로 들어갈 수는 없으니까요. 유명한 수학자 탈레스는 막대기와 그림자를 이용하여 피라미드의 높이를 쟀다고 합니다.

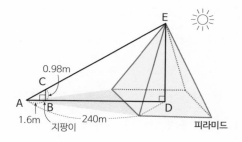

태양이 비칠 때 피라미드와 막대기의 그림자 길이를 재서 피라미드 높이를 알아낸 것입니다. 그림에서 막대기의 그림자 길이가 1.6m일 때 피라미드의 그림자 길이는 240m입니다. 240은 1.6의 150배이므로, 피라미드의 높이는 막대기의 높이(길이)인 0.98m를 150배 한 147m가 됩니다.

A에서 D까지의 거리를 재는 게 문제예요. D는 피라미드 속에 있는 지점이니까요.

당연히 피라미드 속으로 들어갈 수는 없습니다. 먼저 가능한 방법을 각자 한번 생각해보세요. 피라미드 아랫면이 정사각형이라는 것이 힌트가 됩니다.

D는 이 정사각형의 한가운데 지점이기 때문에 A에서 피라미드 밑면까지 잰 다음, 피라미드 옆으로 가서 밑면의 한 모서리의 길이를 재고 그 절반을 계산해 더하는 것입니다.

아, 저도 그렇게 생각했어요. 그런데 해가 뜨지 않으면 그림자가 없으니까 이 방법은 쓸 수 없겠네요?

그렇습니다. 그림자를 이용하는 것은 해가 떠서 그림자가 생겨야만 가능한 방법입니다. 그런데 앞에서 사용한 방법 중 하나를 이용하면 그림자가 없어도 피라미드의 높이를 잴 수 있답니다. 앞에서 학교 축제에 쓸 현수막의 길이를 알기 위해 학교 건물의 높이를 쟀던 방법을 떠올려보세요.

피라미드 앞 적당한 곳에서 피라미드의 꼭대기를 올려다본 각의 크기를 재면 학교 건물의 높이를 잰 것과 똑같은 방법으로 피라미드 높이를 잴 수 있답니다.

이와 같이 높이를 잴 때 사용할 수 있는 손쉬운 방법 하나는 45도를 이용하는 것입니다. 10여 차례 이상 진행한 유럽 수학체험여행에서는 꼭 파리 루브르 박물관 앞의 피라미드 높이나 콩코르드 광장의 오벨리스크 높이 재는 활동을 했습니다. 이때도 한 각의 크기가 45도인 직각이등변삼각형은 밑변과 높이가 같다는 점을 생각하면서 자리를 옮겨가며 오벨리스크를 올려다본 각의 크기가 45도 되는 지점을 찾으면 간단합니다. 다른 계산은 필요 없고 밑변의 길이만 재면 그게 곧 오벨리스크의 높이가 되는 것이니 아주 간단한 방법이라고 볼 수 있지요. 물론 눈높이를 더해야 한다는 점을 잊으면 안 되겠지요.

| 삼각형만으로 거리 재기 초5 도형의 합동 + 중1 삼각형의 결정조건

앞에서 삼각형의 결정조건은 다음 3가지로 정리된다고 이야기했습니다.

① 세 변의 길이가 주어진 경우
② 두 변의 길이와 그 사잇각의 크기가 주어진 경우

③ 한 변의 길이와 그 양 끝 각의 크기가 주어진 경우

그리고 이 중 건물의 높이를 잴 때는 주로 ③을 사용했습니다.

퀴즈를 하나 내지요. 해변에서 멀지 않은 곳에 무인도가 있는데, 우리는 이 무인도에 갈 수 없는 상황입니다. 이때 해변에서 이 섬까지의 거리를 알 수 있을까요?

사실 상상하기 나름이지요. 배를 타고 가며 50미터 줄자로 여러 번 재면 알아낼 수 있을까요? 각주구검刻舟求劍이라는 말이 떠오르는군요. 배를 타고 가다 칼을 물에 빠뜨렸는데, 뱃전에 칼 잃어버린 자리를 표시해두었다가 나중에 그 칼을 찾으려 한다는 뜻입니다. 뱃전의 표시로 칼을 찾을 수 있을 리 만무하지요. 시세의 변천을 모르고 낡은 것만 고집하는 어리석음을 비유한 말이랍니다.

줄자로 계속 길이를 재며 가더라도 그게 정확할 리 없지요.

당연합니다. 물의 흐름에 따른 배의 이동을 전혀 고려하지 않았으니까요. 아주 기다란 줄자로 재는 방법도 있겠지만 100미터 넘는 줄자는 찾기도 아주 힘들 것이에요. 이 역시 현실적인 방법은 될 수 없습니다. 아니면 소리를 질러 메아리가 돌아오는 데까지 걸리는 시간을 재어볼까요? 각자 아이디어를 먼저 내보세요.

이 문제는 초등학교 5학년 수학으로 해결할 수 있습니다. 그림과

같이 섬 입구에 한 지점 A를 정하고, 해변에 적당한 두 지점 B, C를 잡습니다. 그러면 두 각 B, C의 크기와 두 점 B, C 사이의 거리를 잴 수 있습니다. 이제 삼각형 한 변의 길이와 그 양 끝 각의 크기를 알 수 있으므로 삼각형이 하나로 결정됩니다. 건물의 높이를 잴 때와 마찬가지로 삼각형의 결정조건 ③을 이용한 방법입니다. 이렇게 하면 A의 위치가 정확하게 정해지기 때문에 필요한 거리를 얼마든지 알아낼 수 있습니다. 배를 띄워 무인도로 건너갈 이유가 전혀 없지요.

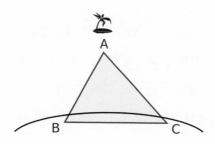

다음 그림은 똑같은 수학적 원리를 이용하여 등대에서 멀리 떨어진 배까지의 거리를 측정하는 방법을 보여줍니다. 앞에서 사용한 방법을 참고해서 어렵지 않게 구할 수 있을 것입니다.

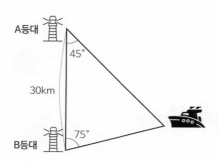

두 그림이 보여주는 상황에는 세 지점이 서로 잘 보이는 위치에 있다는 공통점이 있습니다. 그런데 삼각형의 다른 결정조건을 이용하면 보이지 않는 두 지점 사이의 거리도 알아낼 수 있답니다.

삼각형의 결정조건 ②를 이용하면 높은 산에 가려 서로 보이지 않는 두 건물 사이의 거리를 잴 수 있습니다. 이쯤 되면 여러분 스스로 초등학교 5학년 수학을 이용할 수 있겠지요. 먼저 각자 방법을 생각해 보세요.

가운데 높은 산이 있어서 서로가 보이지 않는 두 건물 A, B 사이의 거리를 재려면 두 건물을 동시에 볼 수 있는 C 지점을 찾으면 됩니다. A에서 산을 돌아 옆으로 가면 드디어 B 건물이 보이는 지점이 있겠지요. 바로 이 점에서 두 건물 A, B 사이의 거리와 이들 사이의 각도를 재면 그림과 같은 장면이 나오게 됩니다.

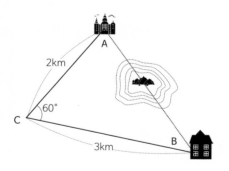

두 변의 길이와 그 끼인각의 크기를 알기 때문에 삼각형의 결정조건 ②를 이용해 문제를 해결할 수 있습니다.

| 나일강과 세금 수입의 비밀 초5 다각형 ＋ 초6 공간과 입체

사각형의 넓이, 특히 직사각형의 넓이는 (가로의 길이)×(세로의 길이)로 구하는 공식이 있습니다. 간단하게는 (가로)×(세로)라고 하지요.

그런데 고대 이집트 시대에는 직사각형이나 정사각형과 다르게 반듯하지 않은 사각형의 넓이를 구하는 공식이 있었답니다.

서로 마주 보는 2쌍의 변의 평균을 각각 구한 다음 그것을 곱하는 방법으로 사각형의 넓이를 구했답니다.

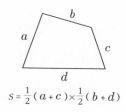

$$S = \frac{1}{2}(a+c) \times \frac{1}{2}(b+d)$$

처음 보는 신기한 방법이에요. 공식대로 계산하면 맞는 답이 나오는지 한번 확인해보고 싶은데요?

아, 그렇다면, 이미 알고 있는 내용을 이용해 이 식이 맞는 식인지 확인할 수 있어요. 이 사각형이 정사각형이라면 네 변의 길이가 모두 a일 것이므로,

$$S = \frac{1}{2}(a+a) \times \frac{1}{2}(a+a) = a^2$$

이 됩니다.

정확하게 답이 나옵니다.

이번에는 직사각형으로 확인해볼까요? 가로와 세로의 길이를 각각 a, b라 하면,

$$S = \frac{1}{2}(a+a) \times \frac{1}{2}(b+b) = ab$$

입니다.

더 확인할 것이 있을까요? 이 방법으로 모든 사각형의 넓이를 계산할 수 있다고 주장해도 될까요?

안타깝지만, 그렇지는 않습니다. 틀린 것을 발견하기 위해서는 좀 더 많은 조사가 필요합니다. 평행사변형을 이용해 확인해봅시다.

평행한 두 쌍의 대변의 길이를 각각 a, b라 했을 때 a, b가 똑같은 직사각형과 평행사변형은 넓이도 같을까요?

아니지요! 평행사변형은 직사각형과 변의 길이가 같다고 해도 그 넓이는 옆으로 기울어질수록 작아집니다.

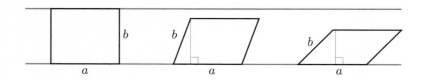

맞지 않는 공식을 고대 이집트에서는 왜 사용했을까요?

문명이 발달한 고대 이집트에서는 농경이 활발했지요. 나일강의 범람으로 비옥해진 땅도 이집트의 농경 발달에 무시할 수 없는 영향을 끼쳤을 것입니다. '나일강의 범람'을 떠올리면 수학에서는 기하幾何의 발달을 생각합니다. 나일강의 범람으로 삼각주 지역의 땅의 경계가

허물어질 때마다 토지를 다시 구획해 주인을 정해주다 보니 측량이 발달했다고 합니다. 측량, 즉 땅을 재는 것이 기하 영역인 것입니다.

그런데도 불구하고 잘못된 넓이 공식을 사용한 것은 세금 수입과 관련이 있었던 것으로 볼 수 있습니다.

모든 사람의 땅이 반듯하게 직사각형 모양이나 정사각형 모양이라면 문제가 되지 않지만 강의 삼각주에서는 강물 흐름에 따라 땅의 모양이 만들어지기 때문에 땅이 제각각이었을 것입니다.

따라서 반듯하지 않은 땅이 많았을 테고, 앞에서와 같은 방식으로 넓이를 구하면 실제 넓이보다 커져서 세금을 더 많이 거둘 수 있었던 것이 아닐까 생각됩니다. 세금은 땅의 넓이에 따라 매겨지는 것이었으니까요.

| 수평선과 지평선 (중2) 피타고라스의 정리

수능에 다음과 같은 문제가 출제된 적이 있습니다.

대관령 정상에서 동해 바다를 바라보았을 때, 수평선까지의 거리를 구하여라.
(단, 지구는 반지름이 6,400km인 구이고 대관령 정상은 해발 800m로 한다.)

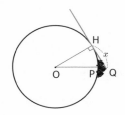

1990년대 초반이었던 당시에는 강릉으로 가는 영동고속도로의 대관령 구간에 터널이 없었기 때문에 강릉에 가려면 대관령 정상을 넘을 수밖에 없었습니다.

그림에 보이는 직각삼각형에 피타고라스 정리를 적용하면 대관령 정상에서 동해 바다 수평선까지 거리가 약 100킬로미터라는 답을 얻을 수 있습니다. 즉, 대관령에서 수평선까지의 거리를 x킬로미터라 하면, 직각삼각형 빗변의 길이는 6,400.8킬로미터이고, 지구의 반지름이 6,400킬로미터이므로 피타고라스 정리에 따라

$$6400^2 + x^2 = 6400.8^2$$

$$x^2 = 10240.64$$

이고, 여기서 $x = 101.2$(km)임을 구할 수 있습니다.

참고로 지금은 대관령 아래를 관통하는 터널이 뚫려 대관령 정상에 오르지 않고 고속도로를 달릴 수 있습니다. 이 터널은 2001년에 개통됐지요.

그런데 이 문제를 보고 궁금증이 생겼습니다. 제 고향은 수평선이 아니라 우리나라에서 유일하게 지평선을 볼 수 있는 전북 김제입니다. 해마다 지평선 축제가 열립니다.

와, 지평선이 생기려면 도대체 평지가 얼마나 길어야 하는 거예요?

지평선을 볼 수 있다면 사람의 위치에서 지평선까지의 거리는 어떻게 구할 수 있을까요? 지평선은 사람이 평지에 서서 보는 것이지만, 사람이 관광버스를 타고 가다가 버스 위에서 지평선을 보는 상황으로

두고 생각해보겠습니다. 사람의 눈높이는 평지에서 2미터 정도 되는 것으로 하지요. 2미터는 킬로미터로 고치면 0.002킬로미터입니다. 그럼 다시 계산해보겠습니다.

$$6400^2+x^2=6400.002^2$$

$x^2=25.6$에서 $x=5(\mathrm{km})$임을 구할 수 있습니다.

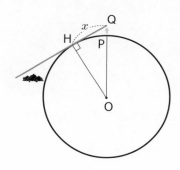

지평선까지 거리가 5킬로미터면 됩니다. 사실 지평선이 보이려면 지평선까지의 거리 5킬로미터 내에 산이 없어야 하는 것은 물론이고, 그 뒤쪽으로도 시야에 나타나는 산이 없어야 합니다. 우리나라에 지평선이 거의 없는 것은 평지 5킬로미터가 없어서라기보다 그 뒤로도 계속 산이 나타나지 않아야 하는 조건 때문이 아닌가 생각됩니다.

현재 우리나라에서 지평선으로 유명한 곳은 전라북도 김제시 광활면입니다. 이 지역에는 산이 없습니다. 원래 바다였던 곳이기 때문이지요. 아래쪽 강 바로 위쪽 광활면 지역에 지평선이 생기는데, 지평선이 생기는 지역도 바다를 막아 땅으로 만든 간척지랍니다.

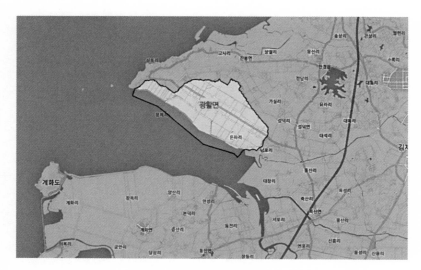

지평선으로 유명한 전라북도 김제시 광활면 지도

✂️ 공식은 어떻게 만들어지나?

| 직사각형을 밀면 어떻게 될까? 초5 다각형의 넓이

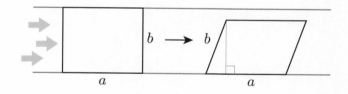

그림과 같이 직사각형의 밑변을 바닥에 고정시키고 옆에서 힘을 주어 밀면 오른쪽과 같은 평행사변형이 됩니다. 직사각형과 평행사변형의 변의 길이는 변함없지만 각의 크기가 변했습니다. 그럼 넓이는 어떻게 될까요?

넓이는 달라집니다. 두 도형의 넓이가 왜 다를까요?

직사각형의 넓이는 (가로)×(세로)로 구하고, 평행사변형의 넓이는 (밑변)×(높이)로 구합니다. 그림에서 보면 직사각형의 가로 길이와 평행사변형의 밑변 길이는 같지만, 직사각형의 세로 길이보다 평행사변형의 높이가 작기 때문에 평행사변형의 넓이는 항상 직사각형 넓이보다 작습니다. 사실, 뻔한 답변입니다. 질문을 한번 바꿔보겠습니다.

직사각형의 넓이는 (가로)×(세로)로 구하는데 평행사변형의 넓이는 왜 (밑변)×(높이)로 구하나?

이 질문에도 앞에서와 같이 답변한다면 질문을 반복하는 것에 불과합니다. 더 깊은 질문이 필요합니다.

직사각형의 넓이라고 하는 것은 직사각형이 차지하고 있는 크기를 뜻합니다. 그 크기는 어떻게 재나요?

(가로)×(세로)로 계산해요.

그렇습니다. 그런데 중·고등학교에서 27년이나 수학을 가르친 저로서는 직사각형의 넓이를 구하는 공식이 왜 (가로)×(세로)인지를 생각해본 적이 없습니다. 그렇지만 항상 궁금했지요. 도형의 넓이라는 것은 그 도형이 차지하고 있는 크기인데 왜 그 크기를 직접 재지 않고 옆모서리인 가로와 세로의 길이를 재고 곱하는 것으로 계산할까? 가운데는 왜 재지 않을까?

2011년 명예퇴직 후에 시민 단체 사교육걱정없는세상에서 일하게 되었는데, 단체 회원들의 자녀 중 초등학생이 많아 처음으로 초등학교 수학 교과서를 공부해보게 되었습니다. 초등학교 교과서에서 직사각형 넓이를 가르치는 과정을 보고 새로운 것을 알게 된 기쁨과 함께 수학에 대한 기초 지식도 없이 중·고등학생들을 가르쳤다는 자괴감이 들었습니다.

모든 수학 개념에는 시작점이 있습니다. 넓이 개념의 시작점은 단위넓이를 정하는 일이었습니다. 이것을 수학에서는 정의定義라고 합니다. 정의가 수학 개념의 시작 지점입니다.

도형의 넓이를 나타낼 때에는 한 변의 길이가 1cm인 정사각형의 넓이를 넓이의 단위로 사용합니다. 이 정사각형의 넓이를 1cm²라 쓰고 1제곱센티미터라고 읽습니다.

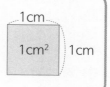

단위넓이가 정의되면 이제 모든 도형의 넓이는 이 단위넓이의 개수를 세는 것으로 구할 수 있습니다.

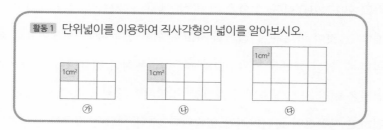

활동1 단위넓이를 이용하여 직사각형의 넓이를 알아보시오.

㉮   ㉯   ㉰

단위넓이를 이용해서 가장 세기 간편한 도형이 직사각형입니다. 그래서 수학에서는 직사각형의 넓이를 가장 먼저 배웁니다. 그림처럼 각 직사각형의 넓이는 단위넓이인 1cm²가 몇 개 들어 있는지를 세어 구할 수 있습니다. 단위넓이가 직사각형 ㉮에는 6개, ㉯에는 8개, ㉰에는 12개 들어 있으므로 각각의 넓이는 6cm², 8cm², 12cm²입니다.

직사각형은 반듯한 모양이므로 각 열마다 단위넓이의 수가 같습니다. 따라서 곱셈의 원리, 즉 구구단을 연결시켜 3×2, 4×2, 4×3으로 계산하는 것이 편리하기 때문에 직사각형의 넓이를 구하는 공식 (가로)×(세로)가 만들어진 것입니다.

그럼 반듯하지 않은 평행사변형은 어떻게 그 넓이를 구할 수 있었나요?

당연히 그런 의문을 품어야 합니다. 이제는 그동안 무조건 암기했던 공식도 왜 그런지를 돌아볼 이유가 생겼을 것입니다. 모든 수학 공식은 우연히 만들어진 것이 아니라 반드시 이유가 있다는 것을 이제 우리는 압니다. 그 이유를 캐묻는 것이 인간의 상상력이자 호기심이라고 할 수 있습니다. 수학은 그런 상상력과 호기심을 그냥 가지고 가게 하는 것이 아니라, 논리적인 사고 경험을 통하여 타당한 이유를 설명할 수 있는 능력을 키워주고자 하는 데 목적이 있습니다. 논리적인 연결은 여러 가지 상황에서 경험할 수 있지만 수학을 통할 때 가장 간편하고 정확하며 군더더기가 없습니다. 수학 개념은 지극히 추상화되어 있기 때문에 주변 상황에 매몰되지 않고 핵심만 볼 수 있는 장점이 있습니다. 따라서 논리적인 경험을 하기에 가장 손쉬운 도구라 할 수 있습니다. 물론 법정에서 오가는 공방에도 모두 논리가 있습니다. 하지만 모든 상황에는 복합적인 면이 있기 때문에 인과 관계가 정확하지 않고 판단하기가 어려운 것입니다. 그러나 수학은 모든 조건이 명확하고 제대로 된 정의만 사용하기 때문에 여기에는 논란의 여지가 없습니다. 언제나 명확한 결론을 내릴 수 있다는 것은 엄청난 장점이지요. 다만, 한국 수학 교육의 경우 이런 개념 사이의 논리적인 연결 능력을 평가하지 않고, 공식을 암기해서 꼬아놓은 문제를 푸는 기술을 익히는 쪽으로만 가고 있어 정작 수학의 핵심을 놓치고 있다는 치명적인 문제점이 있습니다.

수학은 논리적인 연결이 강점이기 때문에 최소한을 가르치고 최대한의 결과를 얻게 한다는 목적이 있습니다. 넓이에서는 단위넓이 하나만 정의하고서 나머지는 이전 개념 중 곱셈과 연결하여 직사각형의 넓이를 구하는 공식 (가로)×(세로)를 만들어냈습니다. 이제 이를 이용하여 평행사변형의 넓이를 구하는 공식을 만들어보겠습니다.

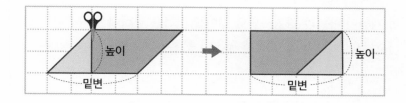

평행사변형은 반듯하지 않고 비스듬하기 때문에 직사각형 모양으로 만들기 위해 그림과 같이 자르고 옮겨 붙입니다. 잘라서 옮겨 붙이

더라도 처음 밑변의 길이와 평행사변형의 밑변과 높이의 크기가 바뀌지 않고, 평행사변형의 밑변과 높이는 각각 직사각형의 가로, 세로의 길이가 됩니다. 직사각형 넓이를 구하는 공식 (가로)×(세로)로 평행사변형의 넓이를 구하는 공식 (밑변)×(높이)를 만들 수 있게 된 것입니다. 새로 만들어졌지만 처음 나온 것이 아니라 단위넓이에서 파생된 것입니다.

지금까지의 이야기를 정리하면, 직사각형의 길이를 변화시키지 않고 각을 기울여 만들어지는 평행사변형의 넓이는 직사각형의 넓이보다 작다는 것, 그리고 단위넓이를 이용하여 직사각형 넓이 구하는 공식을 만들고, 다시 직사각형 넓이 구하는 공식을 이용해 평행사변형 넓이 구하는 공식을 만들었다는 것입니다. 이 과정에서 우리가 새롭게 정의한 것은 오로지 단위넓이 하나뿐입니다. 이게 바로 수학의 위대함입니다.

그럼 삼각형 넓이 구하는 공식하고도 연결될까요?

당연하지요. 삼각형의 넓이를 구하는 공식은 스스로 존재하는 원초적 개념이 아니라 평행사변형 넓이를 구하는 공식에서 파생된 개념입니다. 다음 그림에서 이미 공식이 만들어지는 것을 볼 수 있지요?

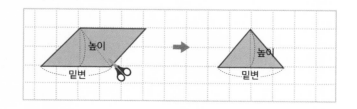

평행사변형을 대각선으로 자르면 삼각형이 2개 생기는데, 중요한 것은 이 두 삼각형의 넓이가 같다는 사실입니다. 평행사변형이 아닌 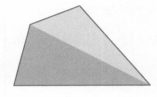보통의 사각형을 대각선으로 자르면 삼각형이 2개 생기기는 하지만 그 넓이가 항상 같다는 보장은 없습니다. 평행사변형이기 때문에 쪼개지는 두 삼각형의 넓이가 같은 것입니다. 이때 삼각형 넓이는 평행사변형 넓이의 절반이기 때문에 삼각형의 넓이 구하는 공식이 (밑변)×(높이)÷2가 된 것입니다.

여기서 중요한 것은 두 삼각형의 넓이가 똑같다는 것과 2로 나눈다는 개념의 연결성입니다. 초등학교 3학년에 나오는 나눗셈의 개념은 새롭게 정의되는 것입니다. 그 정의는 다음과 같습니다.

과자 8개를 2명이 똑같이 나누어 먹으려면 한 명이 4개씩 먹을 수 있습니다.

$$8 \div 2 = 4$$

8÷2=4와 같은 식을 나눗셈식이라 하고 8 나누기 2는 4와 같습니다라고 읽습니다. 이때 4는 8을 2로 나눈 몫, 8은 나누어지는 수, 2는 나누는 수라고 합니다.

똑같이 나눌 때만 나눗셈 기호를 사용할 수 있습니다. 과자 8개를 2명에게 '똑같이'라는 조건을 달지 않고 나누어 주는 방법은 여러 가지입니다. 한 사람이 꼭 4개를 먹는다는 보장이 없지요. 8÷2=4라고 쓸 수 있는 상황은 똑같이 나누는 때뿐입니다.

사다리꼴의 넓이를 구하는 공식도 마찬가지인가요?

이제는 눈치를 챘군요. 삼각형과 같은 아이디어를 사용합니다. 그러면 사다리꼴은 어떻게 넓이를 구할 수 있는 다른 도형으로 바꿀 수 있을까요?

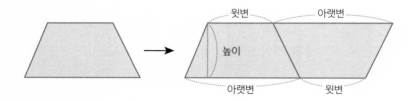

그림과 같이 사다리꼴을 뒤집어서 나란히 이어 붙이면 평행사변형이 됩니다. 이 평행사변형을 절반으로 나누면 사다리꼴이 되지요. 평행사변형의 넓이를 구하는 공식은 (밑변)×(높이)였습니다. 높이는 같은데 여기서는 밑변이 길어졌습니다. (윗변)+(아랫변)이네요. 그래서 사다리꼴의 넓이를 구하는 공식은 {(윗변)+(아랫변)}×(높이)÷2가 된 것입니다.

어쩌다 보니 삼각형과 사각형의 넓이 구하는 공식을 다 만들었군요. 마름모가 빠졌다고요? 마름모의 넓이는 두 대각선의 길이의 곱을 2로 나눠 구한답니다.

어떻게 여기까지 왔는지 되돌아보니, 직사각형을 옆으로 밀었을 때 만들어지는 평행사변형의 넓이가 원래 직사각형의 넓이와 차이가 있을까 생각한 것이 시초였네요. 미술 시간에 수채화를 그릴 때 쓰던 물

통에 대해서도 함께 생각해봅시다. 직사각형과 마찬가지로 밑면이 고
정된 상태에서 물통을 옆으로 밀면 직원기둥(옆면과 밑면이 수직인 원기
둥) 모양인 물통이 빗원기둥(옆면과 밑면이 수직이 아닌 원기둥) 모양으로
바뀝니다. 이때 부피가 달라질까요?

물이 흘러 나가는 것으로 추론하면 부피가 작아진다고 볼 수 있습
니다. 실제 물통의 부피는 (밑넓이)×(높이)로 구할 수 있는데, 비스
듬해지면서 높이가 작아지는 것이 보이지요. 입체도형의 높이는 윗면
에서 아랫면에 내린 수선의 발까지의 거리이기 때문에 부피가 작아지
는 것입니다.

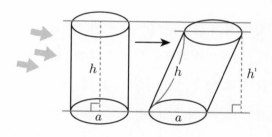

도형을 넓이를 구하는 공식 중 사다리꼴 넓이 구하는 공식은 좀 복잡
해 보이는데, 공식을 꼭 외워야 하나요?

저는 사다리꼴 넓이 구하는 공식인 {(윗변)+(아랫변)}×(높이)÷2
를 꼼짝없이 외우고 살다가 불과 몇 년 전부터 사다리꼴 넓이 구하는
공식을 이용하지 않아도 사다리꼴의 넓이를 구할 수 있다는 것을 생
각하게 되었습니다. 구할 수 있는 정도가 아니라 여러 가지 방법이 있

다는 것을 생각하고는 공식이 얼마나 우리를 옥죄는지 깨달았습니다. 하지만 여전히 사다리꼴 넓이 구하는 공식이 제 머릿속에서 떠나지 않습니다. 지금도 사다리꼴을 보면 습관처럼 그 복잡한 공식으로 넓이를 계산하게 되지요.

다음 그림을 보세요. 사다리꼴의 넓이를 구할 수 있는 3가지 방법을 보여줍니다.

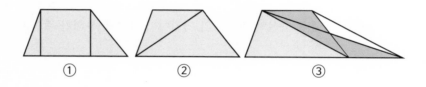

②는 삼각형 넓이 구하는 공식만 알면 되고, ①은 삼각형과 직사각형 넓이 구하는 공식으로 해결할 수 있습니다. ③은 사다리꼴과 넓이가 똑같은 삼각형을 찾아 그 삼각형의 넓이를 구하는 방법인데, 등적변형이라는 개념이 사용되어 쉽지는 않습니다.

여하튼 사다리꼴의 넓이를 구하는 데는 그 자체의 공식이 필요 없습니다. 삼각형이나 직사각형 넓이 구하는 공식으로 넓이를 구할 수 있기 때문에 굳이 사다리꼴 넓이 구하는 공식을 만들 필요는 없다고 생각합니다. 이제라도 교과서에서 사다리꼴 넓이 구하는 공식은 지도하지 않기를 바라는 마음입니다.

③의 방법에서 사다리꼴과 넓이가 똑같은 삼각형을 어떻게 찾나요? 쉽지 않다고 하셨지만 방법이 궁금해요.

한자로 등적변형等積變形이라고 합니다. 변형해서 모양이 바뀌어도 넓이는 같은 것을 말합니다. 기본적인 내용은 초등학교 5학년에서 다루고, 중학교 2학년에도 나옵니다. 네 삼각형 중 어느 것이 넓이가 가장 클까요?

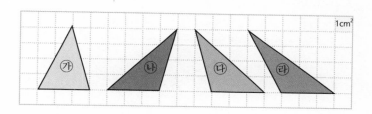

그냥 봐서는 ㉮와 ㉰ 중 하나가 가장 클 것 같은데요.

각각 넓이를 구해보지요. ㉮는 밑변의 길이가 3cm, 높이가 4cm입니다. 그럼 넓이는 $3 \times 4 \div 2 = 6(cm^2)$입니다. 나머지 삼각형의 넓이도 구해봅시다.

그런데 모든 삼각형이 밑변의 길이 3cm, 높이 4cm로군요. 그렇다면 넓이도 모두 6cm²로 같습니다.

눈짐작으로는 다를 것 같았는데 실제로 모두 같다고 하니 신기하네요.

이것이 바로 수학의 위력이랍니다. 인간의 생각이나 감각은 착각한 것이나 정확하지 않은 경우가 많습니다. 수학은 착각이나 부정확함을 결코 허용하지 않습니다.

첨언하면, 그림에서 중요한 것은 밑변의 길이와 높이의 수치가 아니라 모두 같다는 것입니다. 굳이 넓이를 계산하지 않아도 네 삼각형의 넓이가 같다는 것을 알아차릴 수 있어요. 각각의 삼각형 넓이를 계산하지 않고도 네 삼각형 넓이가 같다는 사실을 알아내는 사람이 진정 고수랍니다.

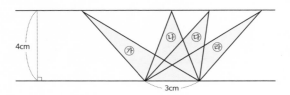

이 그림에서는 어떨까요? 이번에는 모눈종이 대신 평행선입니다. 두 평행선 사이의 거리는 항상 일정하다는 것이 평행선의 성질이지요. 네 삼각형의 넓이가 그 모양과 관계없이 모두 똑같다는 사실을 알아차릴 수 있나요?

이 사실을 이용하면 어떤 사각형이든 그것과 넓이가 같은 삼각형으로 바꿀 수 있답니다. 다음 사각형 ABCD의 꼭짓점 D에서 대각선 AC에 평행한 선을 긋고 변 BC의 연장선과 만나는 점을 E라 하면 삼각형 ABE의 넓이는 처음 사각형 ABCD의 넓이와 같습니다. 왜 그런지 여러분도 한번 설명해보세요.

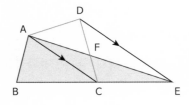

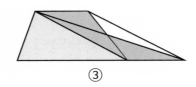

③

평행선 사이에서 등적변형이 이루어졌습니다. 두 선 AC와 DE가 평행하므로 두 삼각형 ADC, AEC의 넓이가 같겠지요? 그럼 두 삼각형에서 각각 삼각형 AFC를 빼면 남는 삼각형 ADF와 ECF의 넓이가 같습니다. 그러므로 사각형 ABCD에서 삼각형 ADF를 삼각형 ECF에 붙이면 사각형 ABCD의 넓이와 삼각형 ABE의 넓이가 같습니다. 이것을 앞에 나온 사다리꼴 그림 ③과 비교하면, 사다리꼴이 긴 삼각형으로 바뀌었지만 넓이는 같음을 알 수 있을 것입니다.

정리하자면, 등적변형을 이용하면 사각형과 넓이가 똑같은 삼각형을 만들 수 있습니다.

등적변형이 일상에서 쓰이나요?

그럼요. 구부러진 농지를 직선으로 정리할 때 사용됩니다. 그림과 같이 꺾인 경계선을 사이에 둔 두 농부가 있습니다. 꺾인 부분에는 뭘 심기도 어렵고, 가끔 경계선에 대한 논란이 벌어지는 등 불편한 일들이 발생했습니다. 그래서 두 농부는 구부러진 경계선을 직선으로 곧게 정리하고 싶은 생각이 간절했습니다. 어느 날 두 사람은 경계선을 직선으로 만들자고 합의합니다. 자, 이제 어떻게 해야 할까요? 해결 방법을 보기 전에 각자 아이디어를 만들어보기 바랍니다.

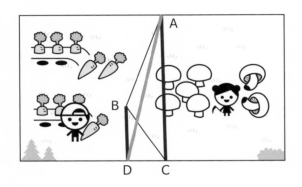

핵심은 넓이가 변함없어야 한다는 것, 즉 등적변형이네요. 평행선을 사용해야겠지요. 먼저 삼각형을 만들기 위해 양 끝 점 A와 C를 선분으로 연결합니다. 이제 꺾인 점 B를 지나 선분 AC에 평행한 직선을 그려 이 직선이 아랫변과 만나는 점을 D라 하면, 두 변 AC와 BD가 평행하므로 △ABC와 △ADC의 넓이가 같습니다. △ABC는 본래 오른쪽 농부 것이었는데 대신 넓이가 똑같은 △ADC로 바꾸게 되면, 두 농부가 소유한 땅의 넓이는 변하지 않고, 직선으로 된 새 경계선 AD가 만들어집니다. 그동안 불편했던 점들이 많이 해소될 것입니다.

등적변형으로 알아낼 수 있는 것이 또 있을까요?

등적변형을 통해 사각형을 넓이가 똑같은 삼각형으로 바꾸는 것이

가능함을 알았습니다. 등적변형의 중요한 아이디어는 단순히 어떤 사각형을 넓이가 똑같은 삼각형으로 바꿀 수 있다는 것만이 아니라 어떤 다각형의 변의 개수를 하나 줄여 그 넓이를 보존할 수 있는 방법이 된다는 점입니다. 오각형에 등적변형을 하면 그 오각형과 넓이가 똑같은 사각형을 만들 수 있고, 다시 한 번 등적변형을 하면 처음 오각형과 넓이가 똑같은 삼각형이 만들어집니다.

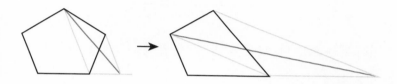

이렇게 추론하면 모든 다각형은 그것과 넓이가 같은 삼각형을 만들 수 있습니다. 삼각형으로 만들면 삼각형 넓이 구하는 공식을 이용할 수 있으므로 어떤 다각형이라도 넓이를 구할 수 있다는 결론에 다다릅니다.

그런데 모든 삼각형은 2개를 서로 반대로 붙이면 평행사변형이 되고, 평행사변형을 반듯하게 오려 붙이면 직사각형이 되므로, 최초의 단위넓이를 이용하여 넓이를 구한 직사각형으로 갈 수 있습니다.

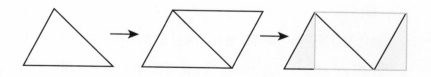

삼각형을 직사각형으로 만드는 더욱 간단한 아이디어는 삼각형의 높이를 절반으로 자르고 삼각형의 뾰족한 부분을 양쪽으로 나눠 붙이는 것입니다.

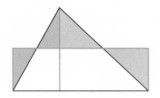

어찌 됐든 모든 다각형은 등적변형을 통해 그 넓이를 구할 수 있다는 것을 알게 되었습니다.

| 원의 넓이를 구하려는 인류의 노력 초6 원의 넓이

예로부터 원은 직선이 없고 곡선으로만 되어 있어서 넓이를 내기가 힘들었습니다. 가장 큰 이유는 넓이의 시작점이라고 할 수 있는 단위넓이가 한 변의 길이 1센티미터인 정사각형이기 때문입니다. 다각형은 어떻게든 등적변형을 통해 삼각형이나 직사각형으로 만들수 있으므로 그 넓이를 구할 수 있습니다. 그런데 원은 어떻게 만들어도 곧은 선으로 만들기가 어렵기 때문에 넓이를 구하는 것이 쉽지 않습니다.

그래서 생각해낸 아이디어가 원을 부채꼴로 잘라 악어 이빨 모양으로 붙이면 사각형 모양이 되고, 자르는 개수를 점점 늘리면 직사각형에 가까워져서 결국은 직사각형으로 만들어 넓이를 구할 수 있다는 것입니다.

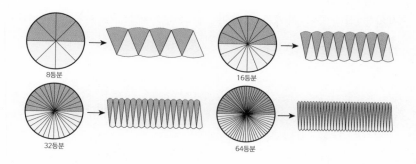

8등분   16등분   32등분   64등분

$$(원의\ 넓이) = (직사각형의\ 넓이)$$
$$= (가로) \times (세로)$$
$$= (원주의\ \frac{1}{2}) \times (반지름)$$
$$= (반지름) \times 2 \times 3.14 \times \frac{1}{2} \times (반지름)$$
$$= (반지름) \times (반지름) \times 3.14$$

교과서에서는 주로 이 방법으로 설명하고 있지만 원의 넓이를 구하기 위한 인류의 노력은 다양했습니다.

다음 그림에서는 양파를 반으로 자른 단면이 원인 데서 출발하여 원의 넓이를 구합니다. 양파를 그림과 같이 잘라 펼치면 직각삼각형 모양에 가깝습니다. 그래서 직각삼각형 넓이를 통해 원의 넓이를 알아냅니다.

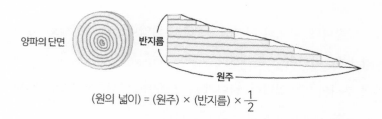

양파의 단면   반지름   원주

$$(원의\ 넓이) = (원주) \times (반지름) \times \frac{1}{2}$$

또 다른 방법으로 두루마리 화장지를 이용합니다. 화장지를 잘라

펼치면 삼각형에 가까운 모양이 되므로 삼각형의 넓이를 통해 원의 넓이를 구하는 것입니다.

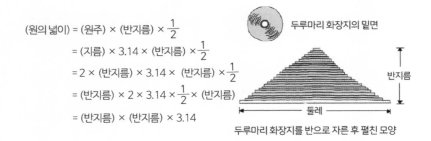

(원의 넓이) = (원주) × (반지름) × $\frac{1}{2}$

        = (지름) × 3.14 × (반지름) × $\frac{1}{2}$

        = 2 × (반지름) × 3.14 × (반지름) × $\frac{1}{2}$

        = (반지름) × 2 × 3.14 × $\frac{1}{2}$ × (반지름)

        = (반지름) × (반지름) × 3.14

두루마리 화장지의 밑면

반지름

둘레

두루마리 화장지를 반으로 자른 후 펼친 모양

| 무를 잘게 자르는 이유 초6 공간과 입체

부피는 어떤 물체가 차지하는 크기를 말합니다. 집이나 건물과 같이 덩치가 크면 부피가 클 것이고, 반지 등 액세서리는 부피가 작지만 부피 대비 값어치는 건물에 비해 훨씬 비싸기도 합니다.

넓이의 시작점이 단위넓이인 것처럼 부피의 시작점은 단위부피인 가요?

맞습니다. 부피의 시작점은 단위부피입니다. 가로, 세로, 높이가 각각 1센티미터인 정육면체의 부피를 $1cm^3$로 정했습니다. 이것이 최초의 부피의 정의입니다. 넓이와 마찬가지로 단위부피만 정의하면 이제 모든 물체의 부피를 구할 수 있습니다.

부피를 나타낼 때 한 모서리의 길이가 1cm인 정육면체의 부피를 단위로 사용할 수 있습니다. 이 정육면체의 부피를 1cm³라 쓰고 1세제곱센티미터라고 읽습니다.

단위부피를 정의했으니 이것으로 잴 수 있는 모양의 첫 번째로 직육면체를 생각합시다. 다음 그림은 부피가 1cm³인 쌓기나무의 개수를 세어 각 직육면체의 부피를 구하는 문제입니다. 각자 부피를 구해보세요.

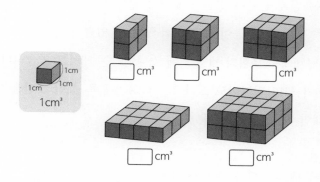

답은 위에서부터 순서대로 4, 8, 12, 12, 24입니다. 여러분은 어떻게 구했나요?

각각 2×2, 2×2×2, 3×2×2, 4×3, 4×3×2로 구합니다. 정리하면 직육면체의 부피 구하는 공식은 (가로)×(세로)×(높이)가 됩니다.

직육면체 부피를 구하는 공식은 (밑넓이)×(높이) 아닌가요?

직육면체의 부피를 구하는 공식인 (가로)×(세로)×(높이)가 어느 순간, 보다 단순하게 (밑넓이)×(높이)로 바뀝니다. 또한 그림의 네 번째 직육면체의 단위부피 개수를 셀 때 4×3, 즉 (가로)×(세로)로 계산했습니다. (가로)×(세로)는 직사각형 넓이를 구하는 공식과 같습니다. 이것은 부피가 아니라 넓이를 구한 것과 다름없어서 마치 부피가 넓이와 같은 것으로 착각할 수 있습니다. 그러나 어디까지나 착각일 뿐입니다.

정리하자면, 직육면체 부피는 (가로)×(세로)×(높이)로 구합니다. 그런데 (가로)×(세로)의 값은 밑면인 사각형의 넓이와 그 값이 같으므로 직육면체와 같이 밑면의 넓이가 일정한 기둥(각기둥, 원기둥 포함)은 모두 (밑넓이)×(높이)로 부피를 구할 수 있습니다.

직육면체에는 부피의 개념 외에 겉넓이라는 개념도 있습니다. 보통은 부피가 크면 겉넓이도 크다고 생각하는데 꼭 그런 것만은 아닙니다. 반대인 경우도 있습니다.

부피가 큰데 겉넓이가 작을 수 있어요?

입체도형의 겉넓이는 도형 겉면의 넓이를 모두 합한 것입니다. 그래서 큰 도형일수록 겉넓이도 클 것이라 생각하기 쉽지만 꼭 그런 것만은 아닙니다. 부피가 작아도 겉넓이가 큰 도형이 있고, 반대로 부피가 큰데도 겉넓이는 작은 도형이 있습니다.

가장 쉽게 이해할 수 있는 상황이 부엌에서 벌어집니다. 뭇국을 끓일 때를 생각해봅시다. 무를 통째로 넣는 것과 잘라서 넣는 것에 무슨 차이가 있을까요? 보통은 무를 잘게 잘라서 넣지요. 왜 잘라서 끓이나요? 먹기 쉽도록 자르는 것이기도 하지만 부피와 겉넓이의 관점에서 생각해볼 수도 있답니다.

무는 통째로 넣으나 잘라서 넣으나 그 부피는 변함이 없습니다. 그런데 자르면 자를수록 겉넓이가 커지지요. 무를 통째로 넣으면 속까지 익는 시간이 많이 걸립니다. 속까지 통째로 익히는 동안 다른 식재료는 너무 익어버릴 수 있습니다. 그런데 잘게 자르면 뜨거운 물이 곳곳에 닿기 때문에 다른 재료들과 비슷한 속도로 익습니다.

흔하게 겪는 상황은 아니지만, 비슷한 상황이 쇠를 녹이는 공장에서도 일어납니다. 쇳덩어리를 가열해 녹이는 데는 엄청난 온도의 불과 시간이 필요하지만, 쇳가루는 보통의 불에도 타서 없어지는 것을 볼 수 있습니다. 불이 닿는 면(겉넓이)이 많아지면 보다 손쉽게 가열되고 탈 수 있기 때문입니다.

직육면체 모양의 나무토막 하나에 페인트를 칠할 때와 이것을 자른 나무토막 4개에 페인트를 칠할 때, 필요한 페인트의 양이 같을까요? 네 조각에 페인트를 칠하려면 결국 처음에 직육면체 안쪽에 있어 페인트가 묻지 않았던 부분에도 페인트를 칠해야 해서 페인트가 그만큼 많이 듭니다. 부피는 같지만 겉넓이가 더 큰 경우인 것입니다.

인간의 감각은 자주 착각한다

| 비율이 닮았다 초6 비와비율 + 중2 닮음

'붕어빵에는 붕어가 없다'는 표현은 일상의 허실을 뜻하는 말입니다. 있다고 생각하지만 실제는 없는 것을 비유합니다. 한편, 붕어빵이라는 말은 부모를 닮은 아이에게 흔히 씁니다. 기계로 붕어빵을 찍어내면 항상 똑같은 모양이듯이 사람도 대개 부모를 닮기 때문에 쓰는 말입니다.

수학에서도 도형 사이에 닮았다는 말을 사용하지요?

그렇습니다. 다음 그림의 직사각형 중 ㉮와 닮은 것을 있는 대로 모두 골라보세요.

언뜻 보기에는 비슷비슷해서 다 닮았다고 할 수 있지요. 그렇지만 정확한 닮음을 생각하려면 각 직사각형의 가로와 세로의 길이 정도는 비교해봐야 합니다.

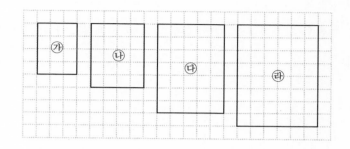

㉮의 가로와 세로의 길이는 각각 3과 4입니다. ㉯는 4와 5, ㉰는 5와 7, ㉱는 6과 8입니다.

㉯가 ㉮와 닮았다고 할 수 있을까요? 가로와 세로의 길이가 똑같이 1씩 커졌으니까요. 길이가 늘어난 비율을 살펴보면 ㉰, ㉱는 가로와 세로의 길이가 똑같은 크기로 커진 것은 아닙니다.

다른 한편으로 ㉱가 ㉮와 닮았다고 할 수도 있습니다. 가로, 세로의 비가 똑같이 3:4이기 때문입니다. ㉮는 3:4인 것을 바로 알 수 있고, ㉱는 6:8이니까 두 수를 모두 2로 나누면 3:4가 됩니다. 이에 비해 ㉯와 ㉰는 각각 4:5, 5:7이므로 3:4와 그 비가 같다고 할 수 없습니다.

수학적으로는 한 도형을 일정한 비율로 확대 또는 축소한 도형이 다른 한 도형과 합동일 때, 이 두 도형은 서로 닮음인 관계가 있다고 합니다. 또 닮음인 관계가 있는 두 도형을 닮은 도형이라고 합니다. 수학적으로 닮음은 늘어난 양이 똑같은 것이 아니라 늘어난 비율이 똑같은 것을 뜻합니다.

따라서 ㉣와 ㉠를 닮았다고 하며, ㉡나 ㉢는 비슷하지만 닮았다고 하지 않습니다.

길이가 똑같이 늘어난 도형은 왜 닮음이 아닌지 궁금할 것입니다. 다음 그림은 직사각형의 가로, 세로의 길이를 계속 1씩 똑같이 늘인 것입니다.

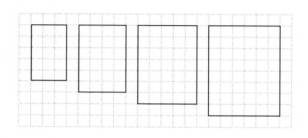

처음 두 직사각형은 비슷하게 닮은 듯도 하지만, 세 번째와 네 번째 직사각형은 처음 직사각형과 닮았다고 하기 어렵습니다. 처음 직사각형은 길쭉해 보이지만 갈수록 길쭉하다고 보기에는 어려운 모양으로 변하지요. 이렇게 계속 가면 넓은 모양으로 바뀔 것입니다. 그래서 수학에서는 양이 아닌 비율로 닮음을 정의합니다. 이게 상식적으로도 더 타당하지요.

탈레스가 그림자 길이로 피라미드 높이를 잴 때, 닮음을 이용했던 건가요?

맞습니다. 앞에서 고대 이집트 시대에 탈레스가 그림자를 이용하여 피라미드 높이를 잰 이야기를 언급했습니다. 그때 그가 이용한 수학 개념은 비율이었습니다. 태양에서 나온 빛이 피라미드와 막대기에 비쳤을 때 피라미드 끝과 막대기 끝과 그 그림자의 끝, 그리고 바닥이 만들어내는 삼각형 각각의 길이의 비가 일정하다는 것에 착안한 것입니다. 이와 같이 만들어지는 도형 사이의 관계를 닮음이라고 합니다. 다음 그림에서 만들어지는 직각삼각형은 모두 닮음입니다.

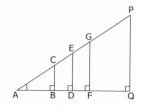

| A4 용지의 비밀 초6 비와비율 + 중2 닮음

복사 용지로는 주로 A4를 사용합니다. A4는 A형 전지(넓이가 1m²인 넓은 종이)를 반씩 4번 잘라서 나온 종이입니다. 그럼 B4의 뜻도 알 수 있겠지요. B형 전지(넓이가 1.5m²로, A형 전지보다 더 넓은 종이)가 있다는 말이고, 그것을 반씩 4번 잘라서 나온 종이가 되겠습니다. 수치를 보니 B형 전지 넓이가 A형 전지보다 1.5배 크군요.

A4 용지의 크기는 210(mm)×297(mm)입니다. 컴퓨터의 한글 프로그램에서 용지 크기를 확인할 수 있습니다. A3는 A4 두 장을 붙여놓은 것이니까, 작은 쪽 길이인 210밀리미터를 2배로 늘려서 생각하면 됩니다. 그러면 A3의 크기는 297(mm)×420(mm)으로 계산됩니다. 이 역시 한글 프로그램에서 확인 가능하며, 실제 자로 측

정해도 알 수 있습니다. 이렇게 계속하면 A2의 크기는 420(mm)×594(mm), A1의 크기는 594(mm)×840(mm), 자르지 않은 A형 전지는 840(mm)×1,188(mm)로 계산됩니다. 이 종이의 넓이가 정말 1m²인지 실제로 한번 확인해볼 것을 권합니다.

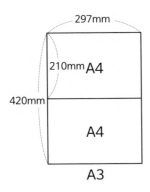

왜 꼭 반씩 자르나요?

복사 용지에 어떤 비밀이 있는지 실험해보면 그 이유를 알게 됩니다. 지금 A4 용지를 가져다가 직접 한번 해보세요. 먼저 A4 용지를 반으로 잘라보세요. 반으로 자른 종이를 A4 용지에 갖다 대어보세요. 그리고 대각선으로 접으면 기가 막히게 일치합니다. 일치한다는 게 어떤 의미일까요? 어떤 결론을 내릴 수 있나요?

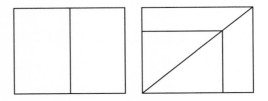

대각선이 일치한다는 것은 탈레스가 피라미드 높이를 잰 수학적 원리를 그린 그림에서 봤듯이 닮았다는 것을 뜻합니다. 닮았다는 것은 앞에서 살펴보았듯이 비슷하다는 말이 아닙니다. 서로 확대, 축소하면 합동이 된다, 즉 똑같아진다는 말입니다. 만약 여러분이 A4를 2배 확대하고 싶다면 복사기의 배율을 조정한 다음 A3 용지를 사용하면 됩니다. 이게 가능한 이유는 두 용지가 닮음의 관계이기 때문입니다. 만약 A4와 A3가 닮음의 관계가 아니라면, A4를 2배 확대한 내용이 A3에 정확히 가득 차지 않고 한쪽이 넘치거나 한쪽에 여백이 생기는 상황이 발생할 것입니다. 확대한 직사각형이 여백 없이, 자투리 없이, 남김없이 가득 차는 것은 오로지 닮음 때문입니다. 복사 용지는 서로 닮음이어야 낭비되는 부분이 없습니다.

그렇다면 모든 직사각형은 반씩 잘랐을 때 서로 닮음인 도형이 되나요?

당연히 이런 질문이 나와야 합니다. 어떤 질문의 답변이 사실인지 아닌지를 설명할 때는 옳다고 주장하는 경우와 그르다고 주장하는 경우의 말하는 법이 다름을 인식해야 합니다. 옳다고 말할 때는 항상 이런 일이 벌어진다는 것을 증명해야 합니다. 그르다는 것을 설명할 때는 옳지 않은 사례, 즉 반례反例를 하나만 들어도 됩니다.

다음과 같이 기다란 직사각형은 반씩 잘라도 서로 닮음이 되지 않습니다. 이것이 반례이고, 이런 사례를 하나만 들어도 '모든 직사각형은 반씩 자르면 서로 닮음인 도형이 된다'는 명제가 거짓임이 증명됩니다.

　이 직사각형은 정사각형 2개를 붙여놓은 것입니다. 반대로 생각하면 처음 직사각형을 반으로 잘랐는데, 전혀 닮지 않은 정사각형이 나온 것으로 볼 수 있습니다. 처음 직사각형의 가로와 세로의 비는 2:1인데, 정사각형의 가로와 세로의 비는 1:1입니다. 비율이 같지 않기 때문에 닮음이라고 할 수 없습니다.

　그런데 A4 용지를 반으로 자르면 A5 용지가 됩니다. 이 둘은 서로 닮았습니다. A5를 2배로 복사하면 정확히 A4 용지에 딱 맞습니다. 이런 관계는 A3와 A4 사이에서도 성립합니다. 즉, 모든 A형 용지는 A형 용지끼리, B형 용지는 B형 용지끼리 서로 닮음입니다. 그리고 A형 용지와 B형 용지도 서로 닮음 관계가 성립합니다.

A형 용지가 서로 닮았다는 것은 어떻게 설명하나요?

　A4 용지는 복사 용지라는 특성상 서로 닮아야 확대, 축소를 할 때 자투리 없이 정확하게 맞아떨어집니다. 가로의 길이가 1일 때 세로의 길이를 x라 하면 다음과 같이 두 용지의 가로와 세로의 비가 같은 x의 값을 구할 수 있습니다.

$$x : 1 = 1 : \frac{x}{2}$$
$$\frac{x^2}{2} = 1$$
$$x^2 = 2$$
$$x = \sqrt{2} = 1.414$$

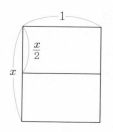

A4 용지의 가로와 세로의 비가 $1:\sqrt{2}$, 즉 1:1.414이면 그것을 반으로 자른 A5 용지와 서로 닮음이 되고, 이런 현상은 모든 A형 복사 용지에서 일어나는 규칙이라고 할 수 있습니다. 복사 용지 크기가 계속 절반으로 줄어들지만 닮음인 관계를 유지하는 것이지요.

A형 전지가 꼭 840(mm)×1,188(mm)이어야만 하나요?

아주 좋은 질문입니다. A형 전지의 크기가 840(mm)×1,188(mm)이라고 했을 때 그 넓이가 $1m^2$가 맞는지는 계산기로 확인했을 것입니다. 사실, 정확히 1이 나오는 것은 아니고 근삿값이 나오는데, 반올림하면 1이 되니 그냥 인정하기로 합니다.

곱해서 1이 되는 가로와 세로는 무한정 많지요. 왜 하필 그 크기일까 하는 질문에 이제 이유를 말할 수 있는 때가 되었습니다. 곱했을 때 그 넓이가 $1m^2$이면서 가로와 세로의 비가 $1:\sqrt{2}$를 만족하는 값이기 때문이지요. 이제 무슨 문제가 남았나요? 계산기로 840에 1.414를 곱해 1,188이 나오는 것을 확인하면 됩니다. 끝자리 소수가 맞지 않을 수 있는데, 우리는 초등학교에서 이미 반올림을 배웠으니 문제

없을 것입니다.

B형 전지의 가로와 세로 길이도 알아낼 수 있겠네요?

이것은 쉬운 문제가 아닐 수 있습니다. 여러분 중 몇몇은 아마 벌써 한글 프로그램에 들어가 B4 용지가 257(mm)×364(mm)임을 찾은 다음, 더 큰 사이즈의 B형 용지 길이를 구하고 있을 것입니다. 기왕 이쪽으로 관심이 넘어왔으니 한번 확인해봅시다.

B3는 364(mm)×514(mm), B2는 514(mm)×728(mm), B1은 728(mm)×1,028(mm)이므로 B형 전지에 해당하는 B0는 1,028(mm)×1,456(mm)입니다. 이게 맞는지 확인하는 방법은 무엇일까요? 곱을 해서 B형 전지의 넓이가 나오면 되겠지요.

벌써 B형 전지의 넓이를 잊었나요? 잊어도 괜찮습니다. 넓이가 $1m^2$인 A형 전지의 2배가 아니라는 사실만 연결할 수 있으면 B형 전지의 넓이는 그 중간인 $1.5m^2$임을 만들어낼 수 있습니다.

확인이 되었나요? 반올림해서 1.5가 나오지요. 밀리미터를 미터로 환산하는 과정을 거쳐야 하니 서두르지 말고 천천히 한번 해보세요. 1cm=10mm, 1m=100cm이고 두 단위를 연결하면 1m=1,000cm입니다. 그러므로 B형 전지의 규격을 미터로 환산하면 1.028(m)× 1.456(m)입니다.

여기서 B4의 규격을 몰라도 B형 전지의 규격을 알 수 있을까요?

우리는 B4 용지의 규격을 통해 B형 전지를 알아냈는데, 이런 방법은 고급이라고 하기 어렵습니다. 고수준의 사고는 A, B 두 전지의 넓이의 관계를 연결하는 것입니다. 닮은 도형의 길이의 비가 1:k이면 넓이의 비도 1:k일까요? 다음 정사각형을 보면 아니라는 것을 알 수 있지요. 넓이의 비는 1:k^2이 됩니다.

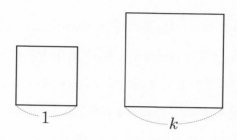

이제 A0와 B0의 넓이의 비가 1:1.5일 때 길이의 비를 알아내는 일이 남았군요. 길이의 비만 알면 A0의 길이로 B0의 길이를 만들 수 있겠지요? 1:1.5라는 정보에서 어떤 계산이 필요한가요? 머리가 하얘지나요? 조금만 더 힘써보세요. 이제 거의 막바지에 왔습니다.

넓이의 비는 길이의 비의 제곱이라는 사실을 역으로 연결하면 '제곱해서 1.5가 나오는 수', 즉 1.5의 제곱근을 구하는 문제가 됩니다. 계산기에 루트($\sqrt{}$)가 있다면 금방 해결할 수 있습니다. $\sqrt{1.5}$를 누르면 1.225가 나옵니다. 이제 A형 전지의 크기 840(mm) × 1,188(mm)에 각각 1.225를 곱하면 B형 전지의 크기가 나오겠지요? 계산해서 나온 결과는 1,029(mm) × 1,455(mm)인데, 앞에서 B4를 통해 알아낸 수치 1,028(mm) × 1,456(mm)과 1mm 정도씩 차이가 나는군요. 그 차이의 원인은 반올림한 값으로 계산한 데서 나온 오차라고 볼 수 있고, 이제는 이런 경우 아량을 베풀 용기가 생겼을 것입니다.

계산기에 루트가 없으면 $\sqrt{1.5}$를 어떻게 구해요?

계산기에 사칙 연산 정도만 가능한 기능이 있고 제곱근을 구하는 기능이 없어도 $\sqrt{1.5}$의 근삿값을 구할 수 있습니다. 대신 손가락을 많이 써야 하고, 지혜도 있어야 합니다. 제곱을 계속 계산해나가며 1.5에 가까운 값이 나오도록 좁혀가야 하거든요. 제곱해서 1.5가 나오는 수는 1.5보다 작을 것이라는 짐작까지 했다면, 1.4 정도를 제곱해봅니다. 1.96이므로 더 작은 1.3을 제곱해야겠네요. 1.69가 나왔으므로 더 작은 1.2를 제곱합니다. 1.44이므로 제곱해서 1.5가 나오는 수는 1.2와 1.3 사이에 있는 수가 됩니다.

이제 1.2에서 소수점 아래 두 번째 자리를 키울까, 아니면 1.3에서 줄일까를 고민해야겠지요? 1.44가 1.69보다는 1.5에 가까우니까 1.2에서 키우는 것이 좋겠습니다. 수사망을 좁혀가는 긴장감이 느껴지나요? 수학도 감정이 들어가야 진짜 자기 것으로 소화된답니다.

1.21의 제곱은 1.46, 1.22의 제곱은 1.49, 1.23의 제곱은 1.51이므로 제곱해서 1.5가 되는 수는 1.22와 1.23 사이의 수입니다. 이제 소수점 아래 세 번째 자리를 조사할 순서입니다. 이런 식으로 계산하다 보면 $\sqrt{1.5} = 1.225$를 찾을 수 있답니다.

그런데 왜 B형 전지의 넓이를 A형의 2배로 하지 않고 1.5배로 했을까요?

만약 B형 전지의 넓이를 A형의 2배로 했다면, 더 편리했을까요?
1.5보다 2가 더 간편한 수이기는 합니다. 그런데 A형의 2배라면 결국 A형 용지와 닮은 용지에 불과합니다. A형 용지끼리는 모두 서로 넓이가 2배인 관계가 있으니까요. B형 용지의 넓이는 A형 용지의 넓이와 2배인 관계는 아니라서 덕분에 훨씬 다양한 크기의 종이를 만들 수 있지요.

앞에서 황금비를 다루었잖아요. 복사 용지의 가로, 세로의 비가 혹시 황금비와 연관이 있나요?

결론부터 말하면, 아무런 관계가 없답니다. 복사 용지의 비, 즉 $1:\sqrt{2}$는 우리 문화재인 경주 석굴암에 많이 사용된 것으로 알려져 있어요. 석굴암의 건축 비밀이지요. 서양에서 만들어진 황금비 $1:\frac{1+\sqrt{5}}{2}$와는 아무런 관계가 없습니다. 근삿값으로 치면 복사 용지는 1:1.414이고, 황금비는 1:1.618입니다. 정수비로 고치면 복사 용지는 약 5:7, 황금비는 5:8입니다. 차이가 나지요. 어떤 비가 더 좋은지를 따지는 것은 별 의미가 없을 것 같습니다. 그보다는 각각의 비가 용도에 따라 만들어졌을 것이라 생각하는 것이 좋겠지요.
다시 복사 용지 얘기입니다. 이제 복사기를 보겠습니다.
사무실 등에서 사용하는 복사기 화면에는 확대 혹은 축소 배율이 표시되어 있습니다. 배율의 수치가 퍼센트로 표시되지요.

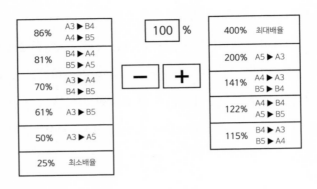

복사기에 확대 또는 축소하는 배율의 수치가 나타나 있지만 우리는 잘 눈여겨보지 않지요. 배율을 몰라도 버튼만 누르면 원하는 크기로 확대하거나 축소할 수 있으니까요. 하지만 만약 액정이 흐려지거나 버튼이 희미해져 보이지 않을 때가 되면 어떻게 확대, 축소를 할 수 있을까요?

가장 많이 사용하는 배율인 A4에서 A3로의 확대에 대해 알아보겠습니다. 화면에 '141%'라고 나와 있습니다. 그리고 B5를 B4로 확대하는 배율도 같이 표기되어 있습니다. 결론적으로 정리하면 똑같은 형태의 복사 용지를 2배로 확대하는 비율은 141퍼센트라는 것입니다.

2배로 확대하는 것인데 왜 141퍼센트예요?

민감한 분들은 141퍼센트가 의미하는 바를 알아차렸을 것입니다.

141퍼센트, 즉 1.41은 $\sqrt{2}$의 근삿값입니다. 길이의 비가 1.41배 늘어나면 넓이의 비는 그것의 제곱이니까 2배가 늘어난다는 것입니다. 거꾸로 생각하면 같은 용지의 넓이를 2배 확대하는 것은 길이로 말하면 제곱해서 2가 되는 것이니 $\sqrt{2}$를 확대하면 된다는 뜻이 됩니다. 생각을 보다 넓히면 A5→A4, B5→B4는 물론 A1→A0, A2→A1, A3→A2인 경우에도 모두 141퍼센트를 적용하면 됩니다. B형 복사 용지도 마찬가지입니다.

이번에는 A4→B4입니다. 122퍼센트입니다. 이제 이게 무슨 수치인지 그 근거를 댈 수 있지요?

여전히 어렵다고요? 어려운 게 당연합니다. 같은 용지끼리는 넓이를 2배씩 확대하는데, A형 용지와 같은 수치의 B형 용지 사이에서는 넓이가 1.5배 확대되므로 제곱해서 1.5가 되는 수를 찾아야 합니다. 소수점 아래에서 적당히 반올림하면 1.22, 즉 122퍼센트를 확인할 수 있습니다. 생각을 넓혀보면 A5→B5, A3→B3 등에도 적용이 가능합니다.

이번에는 축소 배율입니다. 이제는 제가 설명하지 않아도 충분히 알 수 있을 것입니다.

A3→A4는 넓이를 $\frac{1}{2}$로 축소하는 것이니 길이는 $\frac{1}{\sqrt{2}}$로 줄어든다는 것을 생각할 수 있습니다. 이게 약 0.707이므로 반올림하면 71퍼센트인데, 복사기는 아쉽게도 버림을 하고 70퍼센트로 표시하고 있습니다. 이런 식으로 같은 형의 축소를 이해할 수 있고, B4→A4와 같이 다른 형태의 용지로 축소하는 것은 넓이를 $\frac{1}{1.5}$배, 즉 $\frac{2}{3}$배로 축소하

는 것이니 길이의 축소 비율은 81퍼센트가 되는 것입니다. 그리고 A4→B5는 $\frac{1.5}{2}$배, 즉 $\frac{3}{4}$배로 축소하는 것이니 길이의 축소 비율은 86퍼센트로 나타납니다.

복사기의 다른 수치에 대해서도 모두 확인해본다면 큰 소득이 될 것입니다.

| 수학과 피자의 상관관계 초6 비와비율 + 중2 닮음

피자를 주문할 때마다 고민을 합니다. 가격과 크기 사이에서 갈등하지만 대부분 정확한 계산을 하기보다 기분에 따라 내키는 대로 지르기 쉽습니다.

라지 사이즈는 2만 5,000원, 레귤러 사이즈는 1만 5,000원입니다. 눈으로 보는 피자 크기와 가격 정보만 가지고 판단하기는 어렵습니다. 피자의 지름과 두께도 고려해야 하니까요. 라지 사이즈는 지름이 30센티미터, 레귤러 사이즈는 지름이 20센티미터라고 합니다. 피자의 두께는 똑같이 1.3센티미터라고 합시다. 이제 정확히 판단할 수 있을까요?

두께는 똑같으니 지름만 비교하면 3:2로 레귤러에 비해 라지가 1.5배 큰데, 가격은 1.6배가 넘습니다. 그럼 라지 한 판 사는 가격으로 레귤러 두 판을 사볼까, 이렇게 판단하기 쉽습니다만 아무래도 시장의 논리가 마음에 걸립니다. 시장의 논리대로라면 클수록 가격이 싸야 하는데 그렇지 않기 때문이지요. 이쯤 되면 머리가 아프기 시작하는 분도 있을 것입니다. 모처럼 실속 있게 주문하려 덤볐다가 이도 저도 아닌 상황에 몰렸어요.

수학적으로 계산해 명확하게 해결해봅시다. 두 피자의 부피를 구해야 합니다. 피자는 원기둥으로 볼 수 있으므로 다음과 같이 부피를 구할 수 있습니다.

라지 사이즈의 부피: $15×15×3.14×1.3=918.45(cm^3)$
레귤러 사이즈의 부피: $10×10×3.14×1.3=408.2(cm^3)$

이상한 결과가 나왔지요? 지름의 비는 3:2였는데 부피의 비는 918.45:408.2입니다. 2배가 훨씬 넘지요! 그러면 그렇지, 큰 것이 더 비쌀 리는 없습니다.

이제 시장의 논리뿐만 아니라 단순히 지름의 크기로 비교했다가는 큰 실수를 할 수 있다는 사실까지 깨닫게 되었군요.

피자 한 판 시키려고 소수점까지 나오는 부피 계산을 했네요.

각 사이즈의 부피를 구해야 한다면 이렇게 계산하는 것이 정확한 방법임을 알고 넘어가자는 의도였습니다. 늘 이렇게 구할 수는 없으니, 이제 보다 지혜로운 간편 비교법을 생각해야 합니다.

정말 간단한 방법이 있답니다. 각각의 부피를 구하는 것도 좋지만 두 피자를 비교하면서 동시에 볼 수 있는 안목을 가지면 계산이 보다 간편해집니다. 어차피 가성비를 비교하는 것이니 똑같은 수치는 계산하지 않아도 됩니다. 예를 들어 두 피자는 두께가 같습니다. 그러므로 굳이 두께를 곱해서 부피를 내지 않고 단면의 넓이만 구해도 비는 똑같습니다. 그렇다면 부피 계산에서 똑같이 1.3 곱하는 과정을 생략해봅시다.

라지 사이즈의 단면 넓이: $15 \times 15 \times 3.14 = 706.5 (\text{cm}^2)$

레귤러 사이즈의 단면 넓이: $10 \times 10 \times 3.14 = 314 (\text{cm}^2)$

어떤가요? 라지 사이즈가 레귤러 사이즈의 2배가 훨씬 넘지요? 하나 더 생각할 것은, 지금 여기서 계산하지는 않았지만 두 피자의 부피의 비와 단면의 넓이의 비에 대한 것입니다.

918.45:408.2와 706.5:314라는 수치를 보는 순간, 비교하고 싶은 마음이 전혀 안 들지요? 그래요. 비교할 필요가 없습니다. 이들의 비는 분명 같을 것이니까요! 실제로 두 비의 비율은 똑같이 2.25랍니다.

여기서 지혜를 좀 더 발휘하면 보다 간편하게 계산할 수 있습니다. 아마도 3.14, 즉 원주율도 똑같으니까 생략해도 되지 않을까 하는 말이 입안에서 계속 맴돌 것입니다. 그렇습니다. 아까 두께 1.3이 똑같아서 생략했듯이 원주율도 똑같으니 굳이 계산할 필요가 없습니다. 그러면 남은 계산은 $15 \times 15 = 225$와 $10 \times 10 = 100$이고, 이제 비는 225:100으로 역시 변함없이 2.25입니다. 놀라셨나요?

여기서 또다시 지혜를 발휘하면 아주 간편한 계산이 나온답니다. 지름이 30:20이니까 각각을 10으로 나누어 3:2로 생각하면 $3 \times 3 : 2 \times 2$로 줄일 수 있고, 이것이 9:4, 즉 2.25라는 비율이 됩니다.

피자에 이어 이번에는 햄버거 얘기입니다. 몇 년 전 메가버거에 관한 기사를 봤습니다. '일반 버거의 4배 크기'라고 되어 있더군요. 수치가 나온 이런 기사를 보면 이제 민감해질 때가 되었지요?

메가버거가 실제로 일반 버거의 4배가 되는지 확인해봐야겠네요.

어떻게 확인할 수 있을까요? 기사를 읽어보니 메가버거와 일반 버거의 무게를 비교했더라고요. 메가버거는 620그램, 일반 버거는 150그램이니까 4배인 것은 사실입니다. 쉽게 생각해서 1인분이 150그램이라고 하면 620그램짜리 메가버거는 4인분이 넘어요.

여기서 주목할 것은 메가버거의 크기입니다. 신문에 나온 정보는 지름이 20센티미터라는 것인데, 일반 버거의 지름에 대한 정보가 없어 아쉬웠습니다.

일반 버거의 지름을 알아낼 방법이 있을 것 같은데요?

이제 여러분의 수학적 민감성과 연결 능력이 충분해졌기 때문에 스스로 답을 찾을 수 있을 것입니다. 각자 방법을 먼저 생각해보기 바랍니다.

메가버거나 일반 버거나 두께는 같다고 볼 수 있습니다. 버거가 너무 두꺼우면 먹기 불편할 테니 크기를 키우더라도 두께는 당연히 그대로 만들었을 것이고 이것은 사실입니다. 그렇다면 메가버거가 일반 버거의 4배이고 그 지름이 20센티미터라면 일반 버거의 지름은 얼마일까요?

4배라는 단서에 집중해서 일반 버거의 지름이 20센티미터의 $\frac{1}{4}$인 5센티미터라고 생각할 수도 있습니다. 그런데 자주 접하는 일반 버거의 지름이 5센티미터밖에 되지 않는다는 것은 상식적으로 받아들이기 어렵습니다. 그래서 수학이 필요한 것입니다.

피자를 비교했을 때를 떠올려보세요. 지름이 4배가 되면, 넓이도 4배가 되는 것이 아니라 그 제곱인 16배가 됩니다. 길이의 비와 넓이의 비 사이의 관계입니다. 따라서 넓이가 4배라면 길이의 비는 그 제곱근에 해당하는 2배여야 합니다. 즉, 일반 버거의 지름은 메가버거의 절반인 10센티미터입니다. 10센티미터라면 납득이 되지요? 실제로 일반 버거를 하나 사 먹으면서 확인해보세요. 갈 때 자를 가지고 가는 것 잊지 말고요.

막상 메가버거와 일반 버거를 놓고 보면 3배 정도는 감각적으로 느낄 수 있는데 4배라고 하면 보고도 믿지 못하는 경우가 많더라고요. 대부분의 인간은 공간 감각이 많이 부족하기 때문에 혹시 그런 생각이 들더라도 주눅 들 필요는 없습니다.

여러분의 공간 지각 능력을 테스트할 수 있는 또 다른 상황을 생각해볼게요. 원뿔 모양의 컵에 주스를 가득 담고, 컵 높이의 절반이 되는 지점에 표시를 해보세요. 주스를 둘이서 나눠 마신다 생각하고요.

딱 절반이어야 해요?

상황을 설명해드릴게요. 학교 운동회에서 달리기 시합에 나갔습니다. 1등 상품을 받기 위해 있는 힘을 다해 전력 질주했습니다. 달리고 났더니 목이 엄청 말라 친구랑 둘이서 매점에 갔습니다. 그림과 같은 원뿔 모양 컵에 가득 찬 주스를 한 잔 사서 친구랑 똑같이 나눠 먹기로 합니다. 혼자 다 마시고 싶지만 친구랑 돈을 반반 부담한 것이니 정확하게 반씩 나눠 마시려 합니다. 그래서 원뿔의 높이를 10등분하는 눈금을 그려놓고 절반에 해당하는 곳을 표시하고 싶습니다. 어느 눈금을 기준으로 나눌 때 가장 절반에 가깝게 나눠질까요?

선을 정했나요? 5가 중간이라고 해서 5로 정하는 경우는 거의 없을 것입니다. 원뿔 모양이라서 5 아랫부분은 윗부분보다 적을 것이 뻔하기 때문이지요. 그러면 여러분은 6, 7, 8, 9 중 하나를 택했을 것입니다. 10은 전체니까 안 되겠지요. 확인하지 않아도 사람은 눈짐작으로 7 정도를 찍기가 쉽습니다. 그런데 7로 나누면 아래쪽은 전체의 $\frac{1}{3}$밖에 되지 않습니다.

7이면 분명 절반쯤 되어 보이는데 어떻게 $\frac{1}{3}$밖에 안 되죠?

이게 길이가 아니고 넓이도 아니고 부피이기 때문입니다. 7 아랫부분을 잘랐을 때 나오는 도형은 컵 전체인 원뿔과 닮음인 관계에 있습니다. 길이의 비는 7:10이지요. 그렇지만 주스의 양은 부피이기 때문에 부피의 비를 생각해야 합니다. 부피의 비는 길이의 비의 세제곱입니다. 그렇기 때문에 부피의 비는 $7^3:10^3$, 즉 343:1,000입니다. 약 $\frac{1}{3}$이지요. 혹시라도 상대방이 이렇게 나눌 경우 여러분은 모른체하고 먼저 마시면 됩니다. 그러면 친구의 2배를 마시게 돼요. 그렇지만 알고 마시면 양심에 가책을 받을지도 모릅니다.

8을 택하는 것이 가장 공평합니다. 길이의 비가 8:10이면, 부피의 비는 세제곱해서 512:1,000입니다. 절반에 가깝지요.

이게 본래 인간의 능력입니다. 인간들에게 가장 부족한 것은 공간 지각 능력입니다. 누구나 똑같습니다. 공간은 3차원이고 우리 인간도 3차원 동물이기 때문입니다. 3차원을 꿰뚫는 능력은 4차원에 사는 존재가 되어야 가질 수 있습니다. 우리는 2차원에 대해서는 잘 알 수 있습니다. 거의 2차원 상황이라고 볼 수 있는 땅바닥의 개미를 보면서 우리는 개미의 미래까지 상상할 수 있습니다. 하지만 옆 건물에서 무슨 일이 일어나는지는 전혀 알 수 없습니다.

그렇다면 3차원은 그만두고 2차원의 상황에 대해서는 정확히 설명할 수 있을까요?

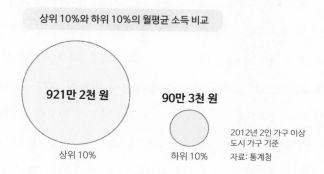

상위 10%와 하위 10%의 월평균 소득 비교

921만 2천 원

90만 3천 원

상위 10%

하위 10%

2012년 2인 가구 이상
도시 가구 기준
자료: 통계청

2013년 여름 조간신문에 실린 통계청 발표 자료입니다.

우리나라 상·하위 10퍼센트의 월 소득이 921만 원 대 90만 원으로 10배 이상 차이가 난다는 수치를 그림으로 비교하고 있네요. 그런데 그림에서 원의 넓이가 약 3배 정도 되어 보입니다. 실제로 10배가 차이 나도록 그리면 한쪽이 너무 크고 다른 쪽은 너무 작을까 봐 이렇게 그렸을까요? 소득 차이는 10배가 넘는다는데, 그림에서는 크기 차이가 별로 나지 않네요.

그림의 크기와 수치가 일치하는지 먼저 확인해볼까요?

신문에 실린 통계 수치와 그림이 불일치하는 경우가 많기는 하지요. 하지만 이 그림은 정확합니다.

피자를 비교했던 개념을 떠올리면 이해할 수 있습니다. 원의 지름의 길이가 3배, 그렇다면 넓이는 그 제곱에 해당하는 9배입니다. 지름을

3배보다 조금만 크게 해도 원의 넓이는 10배 이상 되는 것입니다.

저는 이런 그림을 볼 때마다 직접 자로 잽니다. 그림을 제대로 그렸나 확인하지요. 상당히 오래전에 내용과 그림이 맞지 않았던 기사를 발견한 뒤부터 신문에 나오는 그래프들을 자로 재고 있어요. 요즘은 프로그램으로 그래프를 그리기 때문에 비율이 대부분 정확합니다. 그렇지만 그래프를 보는 독자의 감각은 여전히 중요할 것입니다.

이번에는 화장실 속 수학입니다. 휴지에 대해 생각해보지요. 고속도로 휴게소에서 화장실을 관리하는 분이 휴지가 떨어지지 않았는지 확인하기 위해 화장실을 계속 들락거릴 필요 없이 휴지가 떨어지는 시기를 수학적으로 추측할 수 있는 방법이 있습니다.

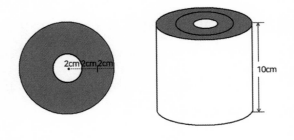

두루마리 화장지는 원기둥 모양입니다. 높이가 10센티미터이고 가운데 빈 공간이 2센티미터라고 가정하지요. 한 시간 만에 4센티미터 두께의 절반이 없어진다면 나머지 2센티미터는 얼마 만에 없어질까요? 이것을 알면 화장실의 휴지가 떨어지는 불상사를 막을 수 있을 것입니다.

아무래도 남은 절반의 두께는 처음 없어진 절반보다 양이 좀 적을 것입니다. 그러나 지금 우리에게 필요한 것은 정확한 계산입니다. 이럴 때는 화장지의 부피를 계산해야 합니다. 원기둥 모양이니까 (밑넓이)×(높이)로 계산합니다. V_1은 사용한 화장지의 부피이고, V_2는 절반 남은 화장지의 부피입니다.

$$V_1 = \pi \times 6^2 \times 10 - \pi \times 4^2 \times 10$$
$$= 200\pi \ (cm^3)$$
$$V_2 = \pi \times 4^2 \times 10 - \pi \times 2^2 \times 10$$
$$= 120\pi \ (cm^3)$$

바깥 절반과 안쪽 절반의 부피의 비가 $200\pi : 120\pi$입니다. 간단하게 고치면 5:3이므로 남은 절반이 없어질 때까지 걸리는 시간은 한 시간의 $\frac{3}{5}$, 36분 정도입니다. 그런데 앞서 봤듯이 비를 구할 때 모든 계산을 다할 필요가 없지요.

머리를 써서 계산을 최대한 간단하게 만드는 지혜가 필요합니다. 원주율 π도 공통으로 들어가 있으니 필요 없겠지요. 높이 역시 모두 같으니 필요 없다는 데까지 이르면 계산이 많이 간단해집니다. 결국 다 빼고 나면 남은 계산은 $(6^2-4^2):(4^2-2^2)$입니다. 20:12, 즉 5:3인 비를 구할 수 있게 됩니다.

4차 산업혁명 시대,
수학을 어떻게 이용할까?

저는 교단에서 30여 년 동안 학생들을 가르치며 수학의 필요성, 수학의 중요성을 말로 설득하려 들었습니다. 성공한 적은 극히 드물었습니다. 어느 순간부터 설득을 포기하고 살았지만 마음 한편으로는 늘 부채감을 가지고 있었습니다.

학교를 떠나 시민 단체에서 일하며 학생들을 많이 만났습니다. 학생들을 돕기 위해 수학 개념을 관계적으로 연결하는 학습법을 만들었는데, 어느 순간부터 학생들이 수학이 좋다고, 수학이 왜 필요한지 알겠다고 말하기 시작했습니다. 초등학교에서 배운 수학이 중학교 수학에 연결되어 마침내 개념을 이해한 중학생이, 중학교에서 배운 수학이 고등학교 수학으로 연결된다는 걸 눈치챈 고등학생이 자기도 모르게 "아하!" 하고 내뱉었지요. 눈치가 별로 없는 저도 서서히 학생들이 "아하!" 하고 외치는 순간을 알아차리게 되었습니다. 수학 학습 심리학자 스켐프Richard R. Skemp는 개념연결 학습의 장점 중 하나로 수학에 대한 내적인 동기가 생긴다는 점을 내세웠는데, 그 말이 사실임을 50대 중반에야 경험하게 된 것입니다. 제가 만약 시민 단체를 만나지 않았다면 교사들에게 혁신학교 수학 수업 컨설팅만 하다 인생을 마무리했을지도 모릅니다. 학교 밖에서 만난 아이들을 도우면서 저는 수학에 대한 내적 동기가 생기는 원리를 깨닫게 되었습니다.

수학 개념은 꼬리에 꼬리를 물고 논리적으로 이어집니다. 이런 논리적 연결을 수행하는 과정에서 수학교육을 통해 얻고자 하는 논리적 사고력이 자랍니다. 이 감각을 느끼면 학생들이 수학을 좋아하게 됩니다. 덕분에 학부모들 앞에서 수학 학습법을 강의할 때면 감초같이 항상 빠지지 않았던 질문, "수학을 왜 공부해야 하는지 모르겠다고 말하는 아이를 어떻게 설득해야 하나요?"에 자신 있게 답변할 수 있게 되었습니다.

4차 산업혁명 시대가 도래했습니다. 수학적 원리는 도처에서 더 가까이 쓰이고 있습니다. 다만 보이지 않을 뿐이지요. 수학은 가시적으로 보이는 학문이 아닙니다. 여러분이 스마트폰을 사용할 때도 수학은 눈에 보이지 않습니다. 스마트폰을 만드는 데 사용된 논리적 사고력, 거기에 수학이 있습니다. 물론 수학이 논리적 사고력을 기르기 위한 유일한 방법은 아닙니다. 실제로 고급 인력 중에는 수학을 전공하지 않은 사람도 많으니까요. 다만 우리에게는 수학을 통해 논리적 사고력을 키우는 기회 자체가 부족합니다. 우리나라 교육 시스템의 문제입니다. 그래서 수학의 필요성을 느끼지 못한 채 성인이 되는 사람이 이렇게 많은 것입니다. 개념연결을 통해 길러진 논리적 사고력으로 수학 문제를 푸는 것이 아니라, 공식을 암기해 문제를 푸는 스킬을 익히는 것이 전부인 현 수학교육의 문제를 개선하지 않으면 4차 산업혁명 시대를 불행하게 지낼지도 모릅니다.

우리나라는 이제 세계 10위권에 속하는 경제력을 자랑하는 나라입니다. 교육의 힘이라고들 합니다. 하지만 스킬에 의존하여 문제를 풀 뿐인 교육 현실을 개선하지 못하면 언제라도 다시 밀려날 것입니다. 학창 시절에 접한 수학이 인생을 사는 데 기본 소양이 되어 삶을 더 윤택하게 만든다면 어떨까요? 초등학교에서 배운 수학이 중·고등학교 수학은 물론 인생에까지 연결되는 경험을 하게 된다면 초등학교 6년이 아깝지 않을 것입니다. 개념을 논리적으로 연결하여 학습하는 과정을 통해 수학적 사고력을 키워나가는 데 이 책이 도움이 되었으면 좋겠습니다. 여러분이 일상에서도 수학의 즐거움을 체험하고, 한 단계 깊어진 사고를 통해 더 발전된 모습으로 나아갈 수 있기를 바랍니다.

내가 정말 알아야 할 수학은 초등학교에서 모두 배웠다

지은이 | 최수일

초판 1쇄 발행일 2020년 2월 21일
초판 2쇄 발행일 2023년 4월 21일

발행인 | 한상준
편집 | 김민정 · 강탁준 · 손지원 · 최정휴
디자인 | 조경규 · 정은예
마케팅 | 이상민 · 주영상
관리 | 양은진

발행처 | 비아북(Viabook)
출판등록 | 제313-2007-218호(2007년 11월 2일)
주소 | 서울시 마포구 연남동 월드컵북로6길 97(연남동 567-40)
전화 | 02-334-6123 전자우편 | crm@viabook.kr 홈페이지 | viabook.kr

ISBN 979-11-89426-83-5 03410

• 이 도서의 국립중앙도서관 출판예정도서목록(CIP)은 서지유통지원시스템 홈페이지(http://seoji.nl.go.kr)와 국가자료종합목록 구축시스템(http://kolis-net.nl.go.kr)에서 이용하실 수 있습니다.(CIP제어번호 : CIP2020005053)

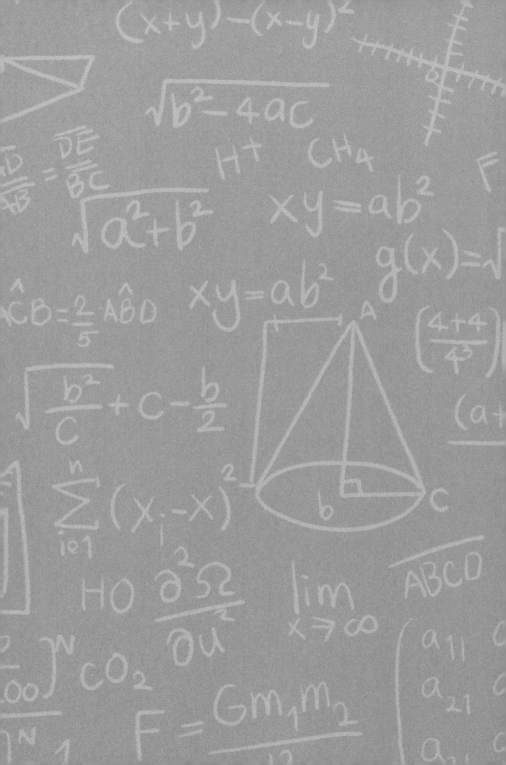

$$\frac{-b \pm \sqrt{b^2 - 4ac}}{2a}$$

$a = b$

$F = m$

$90°$

$\bar{x} = \frac{\sum fx}{N}$

$a^0 = 1$

$a^2 + b^2 = c^2$

$S = Vt$

$x + y = a^2 b$

$P = S(1 - n \cdot d)$

$\triangle ABC \sim \triangle ADC$

$$S = \frac{P}{1 - n \cdot d} \qquad \frac{n!}{r!(n-r)!}$$

$EK = \frac{mv^2}{2}$

$\left(\frac{P}{1200}\right)$

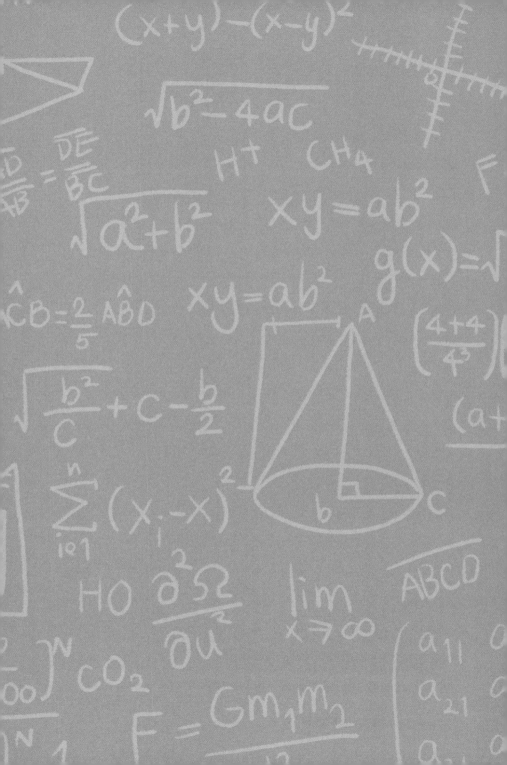

$$\dfrac{-b \pm \sqrt{b^2 - 4ac}}{2a}$$

$a = b$

$90°$

$F = m \cdot$

$\bar{x} = \dfrac{\Sigma fx}{N}$

$a^0 = 1$

B

$a^2 + b^2 = c^2$

$S = v \cdot t$

A   C

$x + y = a^2 b$

$P = S(1 - n \cdot d)$

$\Delta ABC \sim \Delta ADC$

$$S = \dfrac{P}{1 - n \cdot d}$$

$$\dfrac{n!}{r!(n-r)!}$$

$m = \left[\dfrac{P}{1200}\right]$

$EK = \dfrac{mv^2}{2}$